广东金融学院工商管理论丛

本书出版获得以下资助

2019年广东省普通高校特色创新类项目（本科）"两级供应链减排研发策略
选择的博弈分析：基于碳排放责任划分的补贴政策和碳税政策的比较"（批准
号：2019WTSCX076）

广东省普通高校人文社科重点研究基地"战略新兴产业共性技术政策与管理创
新研究中心"（批准号：2018WZJD007）

基于碳排放责任的政府政策与
两级供应链减排研发的效果

魏守道　孙　铭／著

中国经济出版社
CHINA ECONOMIC PUBLISHING HOUSE

北 京

图书在版编目（CIP）数据

基于碳排放责任的政府政策与两级供应链减排研发的
效果/魏守道，孙铭著．--北京：中国经济出版社，
2021.3

ISBN 978-7-5136-6429-5

Ⅰ．①基… Ⅱ．①魏…②孙… Ⅲ．①二氧化碳-排
污交易-研究 Ⅳ．①X511

中国版本图书馆 CIP 数据核字（2021）第 042582 号

责任编辑　姜　　静
责任印制　马小宾
封面设计　华子图文

出版发行　中国经济出版社
印 刷 者　北京建宏印刷有限公司
经 销 者　各地新华书店
开　　本　710mm×1000mm　1/16
印　　张　12.5
字　　数　183 千字
版　　次　2021 年 3 月第 1 版
印　　次　2021 年 3 月第 1 次
定　　价　68.00 元

广告经营许可证　京西工商广字第 8179 号

中国经济出版社 网址 www.economyph.com **社址** 北京市东城区安定门外大街 58 号 **邮编** 100011
本版图书如存在印装质量问题，请与本社销售中心联系调换（联系电话：010-57512564）

版权所有　盗版必究（举报电话：010-57512600）
国家版权局反盗版举报中心（举报电话：12390）　　服务热线：010-57512564

总　序

　　改革开放四十多年来，我国的社会经济发展取得了举世瞩目的成就，已跻身世界第二大经济体，对稳定全球经济发挥着越来越重要的作用。在我国经济体量不断增加的同时，我国企业对世界经济的影响力也与日俱增，涌现出华为、腾讯、阿里巴巴、中车集团、格力电器等一大批著名企业。毫无疑问，改革开放的伟大实践为我国企业管理理论的创新与发展提供了沃土。

　　我国的企业管理理论与实践是从引进和借鉴西方的管理理论与管理方法开始的。经过多年的努力，我国企业从学习国外理论、模仿国外同行起步，将现代理论应用于经营管理实践，并结合我国特殊而又具体的现实约束，在此基础上创造出了许多行之有效且具有中国特色的管理思想和管理方法，促进了我国企业管理水平的不断提高。例如，首钢的"投入产出总承包"，海尔的"日清日高管理法"，邯钢的"模拟市场、成本否决法"，华为更是建立了独具特色的内控制度与先进的管理体系，并以"华为基本法"的形式确定下来。

　　目前，我国经济发展步入新常态，在贸易摩擦加剧等复杂的外部环境下，如何实现高质量发展成为我国面临的一个全新课题。这不仅需要理论工作者进行全方位、多层次、宽角度的研判，还需要他们进行大胆的理论创新。我坚信，在深化改革和融入世界的新进程中，中国企业管理理论研究必将有新的突破，必将闪耀出迷人的光芒。

　　身处我国改革开放的最前沿，广东金融学院是华南地区唯一的金融类高校，学校秉承"明德、敏学、笃行、致远"的校训，坚持"金融为根、育人为本、应用为先、创新为范"的办学理念，以国家经济社会需求为导向，培养富有创新精神和社会责任感的高水平财经类应用型人才。其中，工商管理学科是我校优先建设的主体学科，也是广东省重点学科。一直以来，我校工商管理学科积极对接国家与广东省的重大战略需求和学术前沿，服务现代企业管理优化升级的需要，人才培养、科学研究与服务社会的能力均有了大幅的提高。

我校工商管理学院以"集成金融特色、培养管理精英"为使命，以"成为国内知名商学院"为发展愿景，设有人力资源管理、工商管理、市场营销、物流管理、酒店管理五个本科专业和一个金融营销专业，形成了劳动经济与人力资源管理、企业理论、金融营销与信用消费、品牌管理与营销传播、工商管理案例五个学术团队。学院拥有一支朝气蓬勃、勇于开拓的师资队伍，近几年来承担国家级、省部级以上项目及重点项目近百项，承担各级政府与企业委托项目百余项，在《管理世界》《中国工业经济》《管理学报》《经济管理》《中国人口科学》《财贸经济》等国内外重要期刊发表论文近300篇。学院教师的一系列研究成果先后被各级政府机构和企业所采用，产生了良好的社会效益和经济效益。

作为校长，我十分欣喜地看到：工商管理学院英才辈出，一批中青年学者一心向学，他们俯下身子，对现实经济管理问题进行深入调查，并结合学科发展趋势形成了自己的独特见解。在追求研究范式与国际同行接轨的同时，他们也更加注意中国情境的特殊性，"广东金融学院工商管理论丛"就是他们勤于思考、勇于探索的阶段性成果。希望本论丛的出版能够进一步加强我校中青年学者与国内专家学者的学术联系，为学科发展与"文化自信"贡献"广金声音"。

是为序！

雍和明

2019 年 8 月 30 日于广州

前　言

联合国环境规划署于 2019 年 11 月指出，为实现 2015 年《巴黎协定》设定的目标，即到 2100 年将平均气温较工业化前水平升幅控制在 2 摄氏度以内，2020—2030 年全球碳排放每年需减少 2.7%；而要实现将升温控制在 1.5 摄氏度的目标，2020—2030 年全球碳排放每年需减少 7.6%。根据国际能源署发布的 2019 年全球碳排放报告的数据，全球能源相关的二氧化碳排放量在经过两年的增长后，在 2019 年持平，碳排放总量约为 330 亿吨。中国已成为全球碳排放总量最多的国家，碳减排任务艰巨。如何降低二氧化碳排放量成为中国以及其他国家要解决的重要问题之一。

因为空调、冰箱、汽车等产品的生产和消费过程中均会产生碳排放，所以需要从生产端和消费端减少碳排放量。从根本上看，要降低碳排放量，需要加强企业减排研发。目前，国际社会推出了生产型碳税政策、碳交易政策、减排研发补贴政策等来激发企业减排，也推出了消费型碳税政策、消费者补贴等政策来鼓励消费者购买低碳产品，倒逼企业减排。在降低生产成本研发中，企业之间进行研发合作已成为普遍现象。而且，随着市场竞争的加剧，供应链中的企业纷纷合作，促使供应链已演化成一个竞争与合作并存的复杂系统。

本书以两个制造商和单个零售商组成的两级供应链为研究对象，研究供应链减排研发策略选择的效果，具有重要的理论意义和实践意义。本书的主要内容如下。

第一章研究没有政府干预下两级供应链减排研发策略选择的效果。考虑消费者具有低碳产品偏好，制造商之间可以选择不合作、半合作和完全合作，构建了制造商确定减排研发水平和产品的批发价格，零售商确定产品的零售价格的三阶段博弈模型。利用各模型的均衡解，比较了不同策略的减排研发水平、净碳排放量和企业利润，得出了相应的命题。

第二章研究生产型碳税政策与两级供应链减排研发策略选择的效果。考虑消费者具有低碳产品偏好以及政府征收生产型碳税，制造商之间可以选择不合作、半合作和完全合作，构建了政府确定生产型碳税税率，制造商确定减排研发水平和产品的批发价格，零售商确定产品的零售价格的四阶段博弈模型。利用各模型的均衡解，比较了不同策略的减排研发水平、净碳排放量和企业利润，得出了相应的命题。

第三章研究碳交易政策与两级供应链减排研发策略选择的效果。考虑消费者具有低碳产品偏好以及政府对企业实施碳交易政策，制造商之间可以选择不合作、半合作和完全合作，构建了政府确定免费分配的初始碳排放配额，制造商确定减排研发水平和产品的批发价格，零售商确定产品的零售价格的四阶段博弈模型。利用各模型的均衡解，比较了不同策略的减排研发水平、净碳排放量和企业利润，得出了相应的命题。

第四章研究减排研发补贴政策与两级供应链减排研发策略选择的效果。考虑消费者具有低碳产品偏好以及政府向制造商提供减排研发补贴，制造商之间可以选择不合作、半合作和完全合作，构建了政府确定减排研发补贴率，制造商确定减排研发水平和产品的批发价格，零售商确定产品的零售价格的四阶段博弈模型。利用各模型的均衡解，比较了不同策略的减排研发水平、净碳排放量和企业利润，得出了相应的命题。

第五章研究消费型碳税政策与两级供应链减排研发策略选择的效果。考虑消费者具有低碳产品偏好以及政府征收消费型碳税，制造商之间可以选择不合作、半合作和完全合作，构建了政府确定消费型碳税税率，制造商确定减排研发水平和产品的批发价格，零售商确定产品的零售价格的四阶段博弈模型。利用各模型的均衡解，比较了不同策略的减排研发水平、净碳排放量和企业利润，得出了相应的命题。

第六章研究消费者补贴政策与供应链减排研发策略选择的效果。考虑消费者具有低碳产品偏好以及政府对消费者提供补贴，制造商之间可以选择不合作、半合作和完全合作，构建了政府确定对消费者的补贴率，制造商确定减排研发水平和产品的批发价格，零售商确定产品的零售价格的四阶段博弈模型。利用各模型的均衡解，比较了不同策略的减排研发水平、净碳排放量和企业利润，得出了相应的命题。

本书主要以两个制造商和单个零售商组成的两级供应链为研究对象，选取的政府政策、供应链、模型设计等方面还有进一步完善的空间，希望有更多的学者进行更为深入的研究。由于各种原因和作者水平有限，书中不免出现疏漏，欢迎读者批评指正！

魏守道

2020 年 12 月

目 录

第一章 没有政府干预下两级供应链减排研发的效果

随着各国碳减排行动的实施，消费者具有的低碳偏好意识逐渐增强，单位产品的碳排放日益成为产品的一项重要属性（Du et.al，2013）。由埃森哲在全球范围内的调研显示，超过80%的消费者在做出购买行为时会考虑产品的碳足迹（Accenture，2009），消费者也愿意承担更高的价格购买低碳产品（Chitra，2007；Cohen and Vandenbergh，2012；Michaud et.al，2013）。而且，碳排放量较低的产品有利于扩大企业的市场占有率（Ibanez and Grolleau，2008）。因此，消费者具有较高的低碳产品偏好时，供应链企业也有自愿实施减排研发的动机。

第一节　文献综述

一、供应商与制造商组成的两级供应链减排的研究

在不同学者考虑的供应商与制造商组成的两级供应链中，主要包括单个供应商和单个制造商。王芹鹏等（2014）比较了供应商和制造商都不减排、供应商减排且制造商不减排、供应商不减排且制造商减排、供应商减排且制造商承担部分减排投资成本的效果。结果表明：供应商和制造商都不减排时两者的利润均最低；当减排成本较低且制造商分担减排成本的意愿较弱时，供应商不减排且制造商减排时供应商的利润最大，供应商减排且制造商不减排时制造商的利润最大；当减排成本较高且制造商分担减排

成本的意愿较强时，供应商减排且制造商承担部分减排投资成本时供应商的利润最大，供应商减排且制造商不减排时制造商的利润最大。

赵道致等（2016）比较了制造商占主导、供应商跟随、制造商与供应商纵向合作减排的效果。结果表明：制造商与供应商纵向合作减排时双方的减排水平均较高，供应链的总利润也较高。

叶同等（2017）比较了制造商主导的分散决策、集中决策的效果。结果表明：在这两种决策下，随着消费者低碳偏好程度的提高，供应商和制造商的减排水平也会提高；与制造商主导的分散决策相比，集中决策下供应商和制造商的减排水平和供应链的利润现值均较高。

赵丹和戢守峰（2020）考虑供应商和制造商均不进行减排研发、仅供应商进行减排研发、仅制造商进行减排研发、供应商和制造商均进行减排研发四种策略，研究了消费者低碳偏好程度、供应商和制造商公平关切对供应链研发策略和收益的影响。结果表明：从碳系数的角度，只有一方进行减排研发时，研发方迫切希望另一方也能进行减排研发；随着供应商公平关切程度的提高，其减排水平会下降，但制造商的减排水平不会随其公平关切程度的变化而变化。

二、制造商与零售商组成的两级供应链减排的研究

在制造商与零售商组成的两级供应链中，多数学者考虑的供应链包括单个制造商和单个零售商。Zhang 等（2015）比较了集中决策、分散决策、有回购协议的分散决策的效果。结果表明：与分散决策相比，有回购协议的分散决策可以增加制造商和零售商的利润，有助于制造商和零售商达到集中决策下的利润。

徐春秋等（2016）比较了集中决策、无成本分担的分散式决策、成本分担契约下的分散式决策的效果。结果表明：成本分担契约在一定条件下可以增加制造商、零售商以及供应链的利润；当制造商的边际收益足够大时，成本分担契约可以更加明显增加制造商的利润，制造商更有动力利用

成本分担契约激励零售商进行低碳宣传。

李友东和谢鑫鹏（2016）比较了零售商参与减排成本分摊契约、双方 Nash 讨价还价成本分摊契约的效果。结果表明：这两种契约都可以提高制造商的碳减排率和供应链的利润，而且，双方 Nash 讨价还价成本分摊契约下供应链的利润较高。此外，随着消费者低碳偏好意识的增强，零售商会更多地分摊制造商的减排成本。

王一雷等（2017）比较了批发价格契约、成本分摊契约、约束批发价格的成本分摊契约的效果。结果表明：三种契约模式下碳减排水平的比较取决于碳减排成本零售商分摊的比例，约束批发价格成本分摊契约下供应链的利润最大，成本分摊契约与批发价格契约下供应链的利润比较关系不确定，也取决于碳减排成本零售商分摊的比例。

曹二保和胡畔（2018）比较了集中式决策、制造商主导和零售商跟随的分散化决策（制造商和零售商先后确定决策）的效果。结果表明：与分散化决策相比，集中式决策下制造商和零售商的减排水平均较高，期望销售量也较高。

孙嘉楠和肖忠东（2018）比较了分散决策和集中决策的效果。结果表明：分散决策下制造商的低碳决策会受消费者渠道偏好的影响，但集中决策下制造商的低碳决策不会变化。

Hong 和 Guo（2019）比较了没有成本分担的分散决策、制造商分担零售商低碳促销成本的分散决策和集中决策的效果。结果表明：与没有成本分担的分散决策相比，制造商分担零售商低碳促销成本的分散决策和集中决策都会增加制造商的减排水平，且集中决策下制造商的减排水平最高；制造商分担零售商低碳促销成本的分散决策和集中决策都会增加制造商的利润，制造商分担零售商低碳促销成本的分散决策会降低零售商的利润，集中决策不会改变制造商的利润。

李友东等（2019）比较了分散决策与合作决策的三种渠道权力结构下供应链的减排策略问题。结果表明：制造商主导和垂直纳什结构下的合作决策会导致较高的减排水平，零售商主导的分散决策比合作决策更有助于减排，分散决策下制造商的利润高于合作决策下制造商的利润。

在制造商与零售商组成的两级供应链中，少数学者考虑的供应链包括两个制造商和单个零售商。梁玲等（2019）以两个制造商和单个零售商组成的两级供应链为研究对象，比较了制造商主导、零售商主导、制造商和零售商同时决策的效果。结果表明：制造商和零售商同时决策下制造商的减排水平和产量均是最高的，制造商主导下制造商的减排水平和产量最低，零售商主导下制造商的减排水平和产量均介于两者之间；制造商主导下制造商的利润最高，零售商主导下制造商的利润最低，制造商和零售商同时决策下制造商的利润介于两者之间；零售商主导下零售商的利润最高，制造商主导下零售商的利润最低，制造商和零售商同时决策下零售商的利润介于两者之间。

熊榕等（2019）以两个制造商和单个零售商组成的两级供应链为研究对象，比较普通产品制造商是否进行减排的效果。结果表明：当具有低碳偏好的消费者对普通产品的接受度较低时，普通产品制造商进行减排可以获得较低的定价和较高的利润；当具有低碳偏好的消费者对普通产品的接受度较高时，普通产品制造商不进行减排可以获得较低的定价，但进行减排可以获得较高的利润。

在制造商与零售商组成的两级供应链中，刘名武和王霖（2019）研究了单个零售商分担制造商的减排成本和两个零售商都分担制造商的减排成本的决策问题。结果表明：单个零售商分担制造商的减排成本总是可以增加每个零售商的利润，没有分担制造商的减排成本的零售商的利润与溢出系数成正比。

在制造商与零售商组成的两级供应链中，还有个别学者考虑了不同结构的供应链。Liu 等（2012）考虑了单个制造商和单个零售商组成的供应链、两个制造商和单个零售商组成的供应链、两个制造商和两个零售商组成的供应链。结果表明：随着消费者低碳偏好程度的提高，零售商和环境友好程度较高的制造商的利润会增加，环境友好程度较低的制造商的利润变化还要取决于产品市场的竞争情况。

三、其他供应链减排的研究

在其他供应链中，有学者以单个供应商和单个零售商组成的两级供应链为研究对象。杨宽和刘信钰（2016）比较了零售商主导的分散决策、供应商主导的分散决策和集中决策的效果。结果表明：零售商主导的分散决策下消费者低碳偏好和内外部融资税率的提高都会增加供应链的总利润，单位碳减排成本和外部投资利率的增加会降低供应链的总利润；供应商主导的分散决策下只有批发价格与内部融资利率相关；集中决策下的利润随着消费者低碳偏好的增加而增大，但随着单位碳减排成本的增加而降低。

也有学者以单个供应商、单个制造商和单个零售商组成的三级供应链为研究对象。向小东和李翀（2019）求得了分散决策和集中决策情形下的动态均衡策略和减排量的最优轨迹，运用数值算例及灵敏度分析比较两种情形。结果表明：与分散决策相比，集中决策下的减排量稳定值明显较高，供应商和制造商的减排水平、零售商的低碳促销水平的稳定值也较高，供应链的总利润还是较高。

张星伟（2020）比较了协同控制的集中式决策（以供应链整体收益最大化为目的确定决策水平）、无成本分担契约的分散式决策（以各自收益最大化为目的确定决策水平）以及成本分担契约下的分散式决策（零售商向制造商提供一定比例的补贴）三种策略的效果。结果表明：如果供应商、制造商和零售商的边际收益率满足一定条件，成本分担契约下的分散式决策可以改善三者的利润以及整个供应链的利润，改善的程度等于成本分担的比例，而该比例受双方的边际收益率的影响。

因此，学术界对没有政府干预下供应链减排研发有了较多的研究成果，但是也存在一些不足之处。第一，多数学者研究供应链中的单个成员之间的策略，如单个供应商与单个制造商、单个制造商与单个零售商、单个供应商与单个零售商的策略，只有少数学者考虑到两个制造商和单个零售商组成的供应链。第二，学者们对供应链减排研发的策略主要是上下游企业之间的减排成本分担、低碳促销成本分担等，基本没有研究同一类型成员之间的策略。第三，这些研究对供应链减排形式的划分较为简单，研发形式不够丰富。本章以两个制造商和单个零售商组成的供应链为研究对象，考虑消费者具有低碳产品偏好，制造商之间可以选择不合作（制造商单独确定批发价格水平和减排研发水平）、半合作（制造商之间仅进行减排研发合作）和完全合作（制造商合作确定批发价格水平和减排研发水平），研究供应链策略选择的效果。

第二节　模型构建与求解

一、基本假设

本章考虑由两个制造商和单个零售商组成的两级供应链。其中，制造商 $m(m=1,2)$ 生产同质产品，产量为 q_m，以批发价格 ω_m 销售给零售商 R，零售商 R 最后以零售价格 p_m 销售给具有低碳产品偏好的消费者。

为简化计算，不考虑制造商的生产成本，并设生产单位最终产品排放单位碳排放量。为减少碳排放量，制造商 m 可实施减排研发。在产品定价和减排研发形式方面，制造商之间可以选择不合作、半合作和完全合作。

借鉴 Poyago-Theotoky（2007）的研究，设制造商 m 的减排研发水平为 x_m 时，研发成本为 $C_m = x_m^2/2$，研发成果可在制造商之间免费溢出，设研发溢出率为 $\beta(0<\beta<1)$。从而，制造商 m 的净碳排放量为 $e_m = q_m - x_m - \beta x_n (m, n = 1, 2, m \neq n)$。借鉴 Poyago-Theotoky（2007）的研究，设碳排放造成的环境损害函数为 $D = (e_1 + e_2)^2/2$，设消费者从最终产品的消费中获得的效用函数为 $U = q_1 + q_2 - (q_1 + q_2)^2/2$，从而可求得消费者剩余函数为 $CS = (q_1 + q_2)^2/2$。

借鉴 Singh 和 Vives(1984)的研究,引入消费者对低碳产品的偏好程度为 $\theta(0<\theta<1)$,设消费者对制造商 m 的产品的逆需求函数为 $p_m=1-q_m-q_n-\theta e_m$,从而可求得消费者对制造商 m 的产品的需求函数为:

$$q_m=\frac{\theta-(1+\theta)p_m+p_n+\theta(1+\theta)(x_m+\beta x_n)-\theta(\beta x_m+x_n)}{\theta(2+\theta)} \quad (1-1)$$

零售商 R 的利润函数为:

$$\pi_r=(p_1-\omega_1)q_1+(p_2-\omega_2)q_2 \quad (1-2)$$

制造商 k 的利润函数为:

$$\pi_m=\omega_m q_m-x_m^2/2 \quad (1-3)$$

二、博弈规则

供应链成员之间的博弈顺序如下:第一阶段,制造商确定减排研发水平;第二阶段,制造商确定产品的批发价格;第三阶段,零售商确定产品的零售价格。

三、模型求解

下面运用逆向归纳法求解各博弈模型。

(一)不合作模型的求解

1. 第三阶段:最终零售价格

给定制造商的研发水平和批发价格,零售商以自身利润最大化为目的确定最优零售价格。将(1-1)式代入(1-2)式,零售商确定最优零售价格的问题为:

$$\max_{p_1,p_2}\pi_r=\{(p_1-\omega_1)[\theta-(1+\theta)p_1+p_2+\theta(1+\theta)(x_1+\beta x_2)-\theta(\beta x_1+x_2)]+(p_2-\omega_2)$$
$$[\theta+p_1-(1+\theta)p_2+\theta(1+\theta)(\beta x_1+x_2)-\theta(x_1+\beta x_2)]\}/[\theta(2+\theta)]$$

$$(1-4)$$

联立 $\partial\pi_r/\partial p_1=0$ 和 $\partial\pi_r/\partial p_2=0$,可求得零售商确定的产品零售价格为:

$$p_m^* = [1+\omega_m+\theta(x_m+\beta x_n)]/2 \tag{1-5}$$

由(1-5)式易知：$\partial p_m^*/\partial \omega_m > 0$，即制造商 m 对产品制定的批发价格越高，零售商的进货成本越大，则零售商会提高该制造商最终产品的零售价格；$\partial p_m^*/\partial x_m = \theta/2$，$\partial p_m^*/\partial x_n = \beta\theta/2$，即无论是制造商自己提高自主研发水平还是竞争对手提高自主研发水平，都有助于降低制造商生产的产品的净碳排放量，具有低碳偏好的消费者愿意承担更高的购买价格，因此，零售商会提高产品的零售价格。但与竞争对手提高自主研发水平相比，制造商自己提高自主研发水平下零售商可以将其产品的价格定得更高。

2. 第二阶段：最优批发价格

将(1-5)式回代(1-1)式，可求得消费者对制造商 m 产品的需求函数为：

$$q_m^* = \frac{\theta-(1+\theta)\omega_m+\omega_n+\theta[(1+\theta)(x_m+\beta x_n)-(\beta x_m+x_n)]}{2\theta(2+\theta)} \tag{1-6}$$

给定制造商的研发水平，制造商 m 确定最优批发价格的问题为：

$$\max_{\omega_m}\pi_m = \omega_m q_m^* - x_m^2/2 \tag{1-7}$$

联立 $\partial\pi_1/\partial\omega_1 = 0$ 和 $\partial\pi_2/\partial\omega_2 = 0$，可求得制造商 m 确定的批发价格为：

$$\begin{aligned}\omega_m^* = &[\theta(3+2\theta)+\theta(2\theta^2+4\theta+1)(x_m+\beta x_n)\\&-\theta(1+\theta)(\beta x_m+x_n)]/[(1+2\theta)(3+2\theta)]\end{aligned} \tag{1-8}$$

根据(1-8)式可以求得：$\text{sign}(\partial\omega_m^*/\partial x_m) = \text{sign}(2\theta^2+4\theta+1-\beta(1+\theta))$，$\text{sign}(\partial\omega_m^*/\partial x_n) = \text{sign}(\beta(2\theta^2+4\theta+1)-(1+\theta))$。对任意 $0\le\beta\le1$，$\theta>0$，恒有 $2\theta^2+4\theta+1>\beta(1+\theta)$，即 $\partial\omega_m^*/\partial x_m>0$ 恒成立。这就意味着，随着制造商自己提高自主研发水平，制造商可以制定更高的批发价格。当 $\beta>(1+\theta)/(2\theta^2+4\theta+1)$ 时，有 $\partial\omega_m^*/\partial x_n>0$ 成立，反之则有 $\partial\omega_m^*/\partial x_n<0$ 成立。这就意味着，只有当研发溢出率较高时，随着竞争对手提高自主研发水平，本企业也可以提高其产品的批发价格，否则本企业会降低其产品的批发价格。

3. 第一阶段：最优研发水平

在制造商选择不合作策略下，各制造商以其利润最大化为目的确定最优研发水平。制造商 m 确定最优研发水平的问题为：

$$\max_{x_m} \pi_m = \omega_m^* q_m^* - x_m^2/2 \qquad (1-9)$$

联立 $\partial \pi_1/\partial x_1 = 0$ 和 $\partial \pi_2/\partial x_2 = 0$，可求得制造商 m 的研发水平为：

$$x_m^{nc} = -\theta \alpha_1 (\alpha_2 - \beta \alpha_1)/\Delta_1 \qquad (1-10)$$

其中，$\alpha_1 = 1+\theta$，$\alpha_2 = 2\theta^2 + 4\theta + 1$，$\alpha_3 = 2\theta^5 - 2\theta^4 - 31\theta^3 - 53\theta^2 - 31\theta - 6$，$\alpha_4 = 2\theta^2 + 3\theta - \alpha_1\beta\theta$，$\Delta_1 = \alpha_3 + \beta\theta^2\alpha_1\alpha_4$。进而可求得制造商选择不合作策略下的均衡结果为：

$$\omega_m^{nc} = -\theta(\alpha_1+1)(2\alpha_1-1)(2\alpha_1+1)/\Delta_1 \qquad (1-11)$$

$$q_m^{nc} = -\alpha_1(2\alpha_1-1)(2\alpha_1+1)/(2\Delta_1) \qquad (1-12)$$

$$p_m^{nc} = -(\alpha_1+1)(2\alpha_1-1)(2\alpha_1+1)(3\alpha_1-2)/(2\Delta_1) \qquad (1-13)$$

$$\pi_m^{nc} = -\theta\alpha_1(\beta^2\theta\alpha_1^3 - 2\beta\theta\alpha_1^2\alpha_2 + \alpha_5)/(2\Delta_1^2) \qquad (1-14)$$

$$\pi_r^{nc} = (\alpha_1+1)\alpha_1^2(2\alpha_1-1)^2(2\alpha_1+1)^2/(2\Delta_1^2) \qquad (1-15)$$

其中，$\alpha_5 = 4\theta^6 + 4\theta^5 - 60\theta^4 - 188\theta^3 - 215\theta^2 - 104\theta - 18$。经比较可知：当 $\beta, \theta \in (0,1)$ 时，制造商选择不合作策略下的研发水平、产量、批发价格及零售价格均为正。

（二）半合作模型的求解

制造商选择半合作模型的第三阶段和第二阶段的求解同制造商选择不合作模型的第三阶段和第二阶段的求解，即零售商对制造商 m 生产的最终产品确定的零售价格见（1-5）式，制造商 m 确定的批发价格见（1-8）式，下面求解制造商选择半合作模型的第一阶段。记制造商的利润之和为 $\pi_{mn} = \pi_m + \pi_n$。与制造商选择不合作策略不同的是，在制造商选择半合作策略下，每个制造商确定最优研发水平以最大化制造商的利润之和。制造商 m 确定最优研发水平的问题可以描述为：

$$\max_{x_m, x_n} \pi_{mn} = \omega_m^* q_m^* + \omega_n^* q_n^* - (x_m^2 + x_n^2)/2 \qquad (1-16)$$

联立 $\partial \pi_{mn}/\partial x_m = 0$，$\partial \pi_{mn}/\partial x_n = 0$，可求得制造商 m 的研发水平为：

$$x_m^{sc} = -(1+\beta)\theta^2 \alpha_1 / \Delta_2 \qquad (1\text{-}17)$$

其中，$\Delta_2 = \beta(2+\beta)\theta^3 \alpha_1 + \alpha_6$，$\alpha_6 = \theta^4 - 3\theta^3 - 12\theta^2 - 9\theta - 2$。进而可求得制造商选择半合作策略下的均衡结果为：

$$\omega_m^{sc} = -\theta(\alpha_1+1)(2\alpha_1-1)/\Delta_2 \qquad (1\text{-}18)$$

$$q_m^{sc} = -\alpha_1(2\alpha_1-1)/(2\Delta_2) \qquad (1\text{-}19)$$

$$p_m^{sc} = -(\alpha_1+1)(2\alpha_1-1)(3\alpha_1-2)/(2\Delta_2) \qquad (1\text{-}20)$$

$$\pi_m^{sc} = -\theta\alpha_1/(2\Delta_2) \qquad (1\text{-}21)$$

$$\pi_r^{sc} = (\alpha_1+1)\alpha_1^2(2\alpha_1-1)^2/(2\Delta_2^2) \qquad (1\text{-}22)$$

经比较可知：当 $\beta, \theta \in (0,1)$ 时，制造商选择半合作策略下的研发水平、产量、批发价格及零售价格均为正。

（三）完全合作模型的求解

制造商选择完全合作模型的第三阶段的求解同制造商选择不合作模型的第三阶段的求解，即零售商对制造商 m 生产的最终产品确定的零售价格见(1-5)式。下面依次求解完全合作模型的第二阶段和第一阶段。

1. 第二阶段：最优批发价格

与不合作模型和半合作模型不同的是，在完全合作模型下，每个制造商确定最优批发价格以最大化制造商的利润之和。给定制造商的减排研发水平，制造商 m 确定最优批发价格的问题可以描述为：

$$\max_{\omega_m,\omega_n} \pi_{mn} = \omega_m q_m^* + \omega_n q_n^* - (x_m^2 + x_n^2)/2 \qquad (1\text{-}23)$$

联立 $\partial \pi_{mn}/\partial \omega_m = 0$，$\partial \pi_{mn}/\partial \omega_n = 0$，可求得制造商 m 制定的批发价格为：

$$\widetilde{\omega}_m^{**} = [1 + \theta(x_m + \beta x_n)]/2 \qquad (1\text{-}24)$$

2. 第一阶段：最优研发水平

与制造商选择半合作策略相同，在制造商选择完全合作策略下，每个制造商也以制造商的利润之和最大化为目的确定最优研发水平。制造商 m

确定最优研发水平的问题可以描述为:

$$\max_{x_m,x_n} \pi_{mn} = \widetilde{\omega}_m^{**} q_m^* + \widetilde{\omega}_n^{**} q_n^* - (x_m^2 + x_n^2)/2 \tag{1-25}$$

联立 $\partial \pi_{mn}/\partial x_m = 0$,$\partial \pi_{mn}/\partial x_n = 0$,可求得制造商 m 的研发水平为:

$$x_m^{cc} = (1+\beta)\theta/\Delta_3 \tag{1-26}$$

其中,$\Delta_3 = 4(\alpha_1+1) - \theta^2(1+\beta)^2$。进而可求得制造商选择完全合作策略下的均衡结果为:

$$\omega_m^{cc} = 2(2+\theta)/\Delta_3 \tag{1-27}$$

$$q_m^{cc} = 1/\Delta_3 \tag{1-28}$$

$$p_m^{cc} = 3(\alpha_1+1)/\Delta_3 \tag{1-29}$$

$$\pi_m^{cc} = 1/(2\Delta_3) \tag{1-30}$$

$$\pi_r^{cc} = 2(\alpha_1+1)/\Delta_3^2 \tag{1-31}$$

经比较可知:当 $\beta, \theta \in (0,1)$ 时,制造商选择完全合作策略下的研发水平、产量、批发价格及零售价格均为正。

第三节　减排研发策略选择的效果分析

一、减排研发水平比较

根据(1-10)式、(1-17)式和(1-26)式,可以比较政府不干预下制造商选择不合作策略、半合作策略与完全合作策略时制造商的研发水平,结果如下:

$$\begin{cases} x_m^{sc} - x_m^{nc} = \theta\alpha_1(\alpha_1+1)(2\alpha_1-1)^2(2\beta\theta^2 + \delta_1\theta + \delta_2)/(\Delta_1\Delta_2) \\ x_m^{cc} - x_m^{nc} = \theta(\alpha_1+1)(8\beta\theta^3 + 4\delta_3\theta^2 + 2\delta_4\theta + \delta_5)/(\Delta_1\Delta_3) \\ x_m^{cc} - x_m^{sc} = (1+\beta)\theta(\alpha_1+1)/(\Delta_2\Delta_3) \end{cases} \tag{1-32}$$

其中,$\delta_1 = 4\beta-1$,$\delta_2 = \beta-1$,$\delta_3 = 6\beta-1$,$\delta_4 = 11\beta-3$,$\delta_5 = 7\beta-1$。根据(1-32)式,易证明:对任意 $0<\beta$,$\theta<1$,有 $\text{sign}(x_m^{sc} - x_m^{nc}) = \text{sign}(2\beta\theta^2 + \delta_1\theta +$

δ_2），$\operatorname{sign}(x_m^{cc}-x_m^{nc})=\operatorname{sign}(8\beta\theta^3+4\delta_3\theta^2+2\delta_4\theta+\delta_5)$。并且，恒有 $x_m^{cc}>x_m^{sc}$，即与制造商选择半合作策略相比，制造商选择完全合作策略下的减排研发水平总是较高。

令 $2\beta\theta^2+\delta_1\theta+\delta_2=0$，如图 1-1 所示，可求得 $\theta=h_1(\beta)$（负值舍去）。若 $\theta<h_1(\beta)$，有 $x_m^{sc}<x_m^{nc}$。即与制造商选择不合作策略相比，制造商选择半合作策略下的减排研发水平较低。反之，若 $h_1(\beta)<\theta<1$，有 $x_m^{sc}>x_m^{nc}$。即与制造商选择不合作策略相比，制造商选择半合作策略可提高其减排研发水平。

令 $8\beta\theta^3+4\delta_3\theta^2+2\delta_4\theta+\delta_5=0$，如图 1-2 所示，可求得 $\theta=h_2(\beta)$（负值舍去）。若 $\theta<h_2(\beta)$，有 $x_m^{cc}>x_m^{nc}$。即与制造商选择不合作策略相比，制造商选择完全合作策略下的减排研发水平较高。反之，若 $h_2(\beta)<\theta<1$，有 $x_m^{cc}<x_m^{nc}$。即与制造商选择不合作策略相比，制造商选择完全合作策略会降低其减排研发水平。

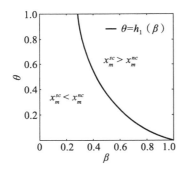

图 1-1　不合作与半合作下
制造商的减排研发水平比较

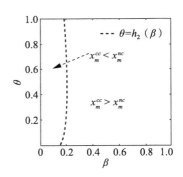

图 1-2　完全合作与不合作下
制造商的减排研发水平比较

若 $\theta<\min(h_1(\beta),\ h_2(\beta))$，见图 1-3 中的区域 Ⅰ，有 $x_m^{sc}<x_m^{nc}$ 和 $x_m^{cc}>x_m^{nc}$，即与制造商选择不合作策略相比，制造商选择半合作策略会降低其减排研发水平，选择完全合作策略会提高其减排研发水平。若 $h_2(\beta)<\theta$，见图 1-3 中的区域 Ⅱ，有 $x_m^{sc}<x_m^{nc}$ 和 $x_m^{cc}<x_m^{nc}$，即与制造商选择不合作策略相比，制造商选择半合作策略或完全合作策略均会降低其减排研发水平。若 $h_1(\beta)<\theta<1$，见图 1-3 中的区域 Ⅲ，有 $x_m^{sc}>x_m^{nc}$ 和 $x_m^{cc}>x_m^{nc}$，即与制造商选择不合作策略相比，制造商选择半合作策略或完全合作策略均会提高其减排研发水平。

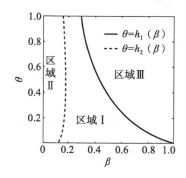

图 1-3　不同研发形式下制造商减排研发水平的综合比较

因此，根据制造商选择不合作策略、半合作策略与完全合作策略时制造商的减排研发水平比较，可以有如下命题：

命题 1　对任意 $0<\beta$，$\theta<1$，若 $\theta<\min(h_1(\beta), h_2(\beta))$，有 $x_m^{sc}<x_m^{nc}<x_m^{cc}$；若 $h_2(\beta)<\theta<1$，有 $x_m^{sc}<x_m^{cc}<x_m^{nc}$；若 $h_1(\beta)<\theta<1$，有 $x_m^{nc}<x_m^{sc}<x_m^{cc}$。

命题 1 意味着，制造商选择不合作策略与选择半合作策略和完全合作策略下制造商的减排研发水平不相上下。具体而言，若消费者对低碳产品的偏好程度和减排研发成果的溢出率之间能满足 $\theta<\min(h_1(\beta), h_2(\beta))$，与制造商选择不合作策略相比，制造商选择半合作策略会降低制造商的减排研发水平，但制造商选择完全合作策略会提高制造商的减排研发水平。若消费者对低碳产品的偏好程度和减排研发成果的溢出率之间能满足 $h_2(\beta)<\theta<1$，与制造商选择不合作策略相比，制造商选择半合作策略和选择完全合作策略均会降低制造商的减排研发水平。若消费者对低碳产品的偏好程度和减排研发成果的溢出率之间能满足 $h_1(\beta)<\theta<1$，制造商选择半合作策略和完全合作策略均会提高制造商的减排研发水平，且制造商选择完全合作策略下制造商的减排研发水平最高。由于在图 1-3 中，区域Ⅲ所占的面积最大，因此，制造商选择半合作策略和选择完全合作策略下制造商有较大可能提高制造商的减排研发水平，制造商选择完全合作策略有较大

可能使其减排研发水平最高。

二、净碳排放量比较

记制造商选择不合作策略下制造商 m 的净碳排放量为 $e_m^{nc} = q_m^{nc} - x_m^{nc} - \beta x_n^{nc}$，选择半合作策略下制造商 m 的净碳排放量为 $e_m^{sc} = q_m^{sc} - x_m^{sc} - \beta x_n^{sc}$，选择完全合作策略下制造商 m 的净碳排放量为 $e_m^{cc} = q_m^{cc} - x_m^{cc} - \beta x_n^{cc}$。根据（1-10）式、（1-12）式、（1-17）式、（1-19）式、（1-26）式和（1-28）式，可以比较政府不干预下制造商选择不合作策略、半合作策略与完全合作策略时制造商的净碳排放量，结果如下：

$$\begin{cases} e_m^{sc} - e_m^{nc} = -\theta\alpha_1\alpha_7\delta_6(2\alpha_1 - 1)(2\beta\theta^2 + \delta_1\theta + \delta_2)/(2\Delta_1\Delta_2) \\ e_m^{cc} - e_m^{nc} = -(12\beta\delta_6\theta^5 + 2\delta_6\delta_7\theta^4 + \delta_8\theta^3 + \delta_9\theta^2 + 2\delta_{10}\theta + 12)/(2\Delta_1\Delta_3) \quad (1-33) \\ e_m^{cc} - e_m^{sc} = [\delta_6^2\theta^3 - (\delta_6^2 + 4)\theta^2 - 2(\delta_6^2 + 5)\theta - 4]/(2\Delta_2\Delta_3) \end{cases}$$

其中，$\alpha_7 = 3\theta^2 + 9\theta + 4$，$\delta_6 = \beta + 1$，$\delta_7 = 33\beta - 4$，$\delta_8 = 125\beta^2 + 96\beta - 21$，$\delta_9 = 97\beta^2 + 70\beta + 5$，$\delta_{10} = 14\beta^2 + 12\beta + 17$。根据（1-33）式，容易证明：对任意 $0 < \beta$，$\theta < 1$，有 $\text{sign}(e_m^{sc} - e_m^{nc}) = \text{sign}(-(2\beta\theta^2 + \delta_1\theta + \delta_2))$。并且，恒有 $e_m^{cc} < e_m^{nc}$ 和 $e_m^{cc} < e_m^{sc}$，即制造商选择完全合作策略下的净碳排放量总是低于制造商选择不合作策略和半合作策略下的净碳排放量。如图 1-4 所示，由于 $\theta = h_1(\beta)$ 时，有 $2\beta\theta^2 + \delta_1\theta + \delta_2 = 0$。若 $\theta < h_1(\beta)$，有 $e_m^{sc} > e_m^{nc}$。即与制造商选择不合作策略相比，制造商选择半合作策略下的净碳排放量较高。反之，若 $h_1(\beta) < \theta < 1$，有 $e_m^{sc} < e_m^{nc}$，即与制造商选择不合作策略相比，制造商选择半合作策略会降低其净碳排放量。因此，若 $\theta < h_1(\beta)$，有 $e_m^{cc} < e_m^{nc} < e_m^{sc}$。即与制造商选择不合作策略相比，制造商选择半合作策略会增加其净碳排放量，选择完全合作策略会降低其净碳排放量。若 $h_1(\beta) < \theta < 1$，有 $e_m^{cc} < e_m^{sc} < e_m^{nc}$，即与制造商选择不合作策略相比，制造商选择半合作策略和完全合作策略均会降低其净碳排放量，而且选择完全合作策略下的净碳排放量最低。因此，根据制造商选择不合作策略、半合作策略与完全合作策略时制造商的净碳排放量比

较，可以有如下命题：

命题 2　对任意 $0<\beta$，$\theta<1$，若 $\theta<h_1(\beta)$，有 $e_m^{cc}<e_m^{nc}<e_m^{sc}$；若 $h_1(\beta)<\theta<1$，有 $e_m^{cc}<e_m^{sc}<e_m^{nc}$。

命题 2 意味着，若消费者对低碳产品的偏好程度和减排研发成果的溢出率之间能满足 $\theta<h_1(\beta)$，与制造商选择不合作策略相比，制造商选择半合作策略会增加制造商的净碳排放量，选择完全合作策略会降低制造商的净碳排放量。若消费者对低碳产品的偏好程度和减排研发成果的溢出率之间能满足 $h_1(\beta)<\theta<1$，与制造商选择不合作策略相比，制造商选择半合作策略和完全合作策略均会降低制造商的净碳排放量，且选择完全合作策略下制造商的净碳排放量最低。由于 $h_1(\beta)<\theta<1$ 所占的面积略大，因此，制造商选择半合作策略下制造商的净碳排放量低于不合作策略下的可能性略大。

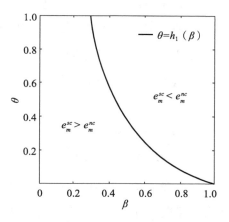

图 1-4　不合作与半合作下制造商的净碳排放量比较

三、企业利润比较

（一）制造商的利润比较

根据(1-14)式、(1-21)式和(1-30)式，可以比较政府不干预下制造商选择不合作策略、半合作策略与完全合作策略时制造商的利润，结果如下：

$$\begin{cases} \pi_m^{sc}-\pi_m^{nc}=-\theta^2\alpha_1^2(\alpha_1+1)(2\alpha_1-1)^2(2\beta\theta^2+\delta_1\theta+\delta_2)^2/(2\Delta_1^2\Delta_2) \\ \pi_m^{cc}-\pi_m^{nc}=-(\alpha_1+1)(16\beta^2\theta^8+16\beta\delta_3\theta^7+4\beta\varphi_1\theta^6+4\varphi_2\theta^5+\varphi_3\theta^4+ \\ \qquad\qquad \varphi_4\theta^3+2\varphi_5\theta^2+105\theta+18)/(2\Delta_1^2\Delta_3) \\ \pi_m^{cc}-\pi_m^{sc}=(\alpha_1+1)/(2\Delta_2\Delta_3) \end{cases} \quad (1-34)$$

其中，$\varphi_1=57\beta-20$，$\varphi_2=69\beta^2-38\beta+3$，$\varphi_3=183\beta^2-136\beta+85$，$\varphi_4=65\beta^2-56\beta+207$，$\varphi_5=5\beta^2-4\beta+111$。根据（1-34）式，容易证明：对于任意 $0<\beta$，$\theta<1$，恒有 $\pi_m^{sc}>\pi_m^{nc}$，$\pi_m^{cc}>\pi_m^{nc}$ 和 $\pi_m^{cc}>\pi_m^{sc}$。即与制造商选择不合作策略相比，制造商选择半合作策略和选择完全合作策略均可以增加制造商的利润；与制造商选择半合作策略相比，制造商选择完全合作策略也可以增加制造商的利润。进一步得出 $\pi_m^{cc}>\pi_m^{sc}>\pi_m^{nc}$。即制造商选择完全合作策略下制造商的利润是最高的，选择不合作策略下制造商的利润是最低的，选择半合作策略下制造商的利润介于两者之间。因此，根据制造商选择不合作策略、半合作策略与完全合作策略时制造商的利润比较，可以有如下命题：

命题 3 对任意 $0<\beta$，$\theta<1$，$\pi_m^{cc}>\pi_m^{sc}>\pi_m^{nc}$ 恒成立。

命题 3 意味着，制造商选择不合作策略、半合作策略和完全合作策略下制造商的利润存在严格的序关系。具体而言，与制造商选择不合作策略相比，制造商选择半合作策略和完全合作策略均会增加制造商的利润，而且制造商选择完全合作策略下制造商的利润最高。

（二）零售商的利润比较

根据（1-15）式、（1-22）式和（1-31）式，可以比较政府不干预下制造商选择不合作策略、半合作策略与完全合作策略时零售商的利润，结果如下：

$$\begin{cases} \pi_r^{sc} - \pi_r^{nc} = -\delta_6 \theta^2 \alpha_1^3 (\alpha_1+1)(2\alpha_1-1)^2(2\beta\theta^2+\delta_1\theta+\delta_2)\left[2\delta_6(\delta_6+1)\theta^5 + \right. \\ \qquad \left. \varphi_1\theta^4 + \varphi_2\theta^3 - \varphi_3\theta^2 - 62\theta - 12\right]/(2\Delta_1^2\Delta_2^2) \\ \pi_r^{cc} - \pi_r^{nc} = -(\alpha_1+1)(4\beta\delta_6\theta^5 + 14\beta\delta_6\theta^4 + \varphi_4\varphi_5\theta^3 + \varphi_6\theta^2 - 38\theta - 12) \cdot \\ \qquad \left[4\delta_6(\delta_6+1)\theta^5 + 2\varphi_7\theta^4 + \varphi_8\theta^3 + \varphi_9\theta^2 - 162\theta - 36\right]/(2\Delta_1^2\Delta_3^2) \\ \pi_r^{cc} - \pi_r^{sc} = -(\alpha_1+1)(\delta_6^2\theta^3 + \varphi_{10}\varphi_{11}\theta^2 - 10\theta - 4) \cdot \\ \qquad (4\delta_6^2\theta^4 + \varphi_{12}\theta^3 + \varphi_{13}\theta^2 - 46\theta - 12)/(2\Delta_2^2\Delta_3^2) \end{cases} \quad (1-35)$$

其中，$\varphi_1 = 4\beta^2 + 15\beta - 5$，$\varphi_2 = \beta^2 + 9\beta - 64$，$\varphi_3 = \beta^2 + 107$，$\varphi_4 = 3\beta - 1$，$\varphi_5 = 5\beta + 7$，$\varphi_6 = 5\beta^2 + 6\beta - 31$，$\varphi_7 = 5\beta^2 + 17\beta - 4$，$\varphi_8 = 7\beta^2 + 28\beta - 131$，$\varphi_9 = \beta^2 + 6\beta - 243$，$\varphi_{10} = \beta - 1$，$\varphi_{11}\beta + 3$，$\varphi_{12} = 5\beta^2 + 10\beta - 11$，$\varphi_{13} = \beta^2 + 2\beta - 51$。根据（1-35）式，容易证明：对于任意 $0 < \beta$，$\theta < 1$，有 $\mathrm{sign}(\pi_r^{sc} - \pi_r^{nc}) = \mathrm{sign}(2\beta\theta^2 + \delta_1\theta + \delta_2)$，恒有 $\pi_r^{cc} < \pi_r^{nc}$ 和 $\pi_r^{cc} < \pi_r^{sc}$。这就意味着，与制造商选择不合作策略相比，制造商选择完全合作策略总是会减少零售商的利润；与制造商选择半合作策略相比，制造商选择完全合作策略也总是会减少零售商的利润。

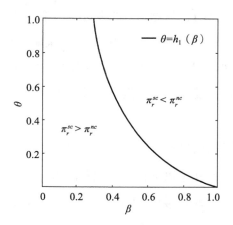

图 1-5　不合作与半合作下零售商的利润比较

如图 1-5 所示，由于 $\theta = h_1(\beta)$ 时，有 $2\beta\theta^2 + \delta_1\theta + \delta_2 = 0$。若 $\theta < h_1(\beta)$，有 $\pi_r^{sc} < \pi_r^{nc}$，即与制造商选择不合作策略相比，制造商选择半合作策略会降低零售商的利润。反之，若 $h_1(\beta) < \theta < 1$，有 $\pi_r^{sc} > \pi_r^{nc}$，即与制造商选择不合

作策略相比，制造商选择半合作策略会增加零售商的利润。因此，若 $\theta <$ $h_1(\beta)$，有 $\pi_r^{cc} < \pi_r^{sc} < \pi_r^{nc}$，即与制造商选择不合作策略相比，制造商选择半合作策略和完全合作策略均会降低零售商的利润，而且制造商选择完全合作策略下零售商的利润最低。若 $h_1(\beta) < \theta < 1$，有 $\pi_r^{cc} < \pi_r^{nc} < \pi_r^{sc}$，即与制造商选择不合作策略相比，制造商选择半合作策略会增加零售商的利润，选择完全合作策略会降低零售商的利润。因此，根据制造商选择不合作策略、半合作策略与完全合作策略时零售商的利润比较，可以有如下命题：

命题4 对任意 $0 < \beta$，$\theta < 1$，若 $\theta < h_1(\beta)$，有 $\pi_r^{cc} < \pi_r^{sc} < \pi_r^{nc}$；若 $h_1(\beta) < \theta < 1$，有 $\pi_r^{cc} < \pi_r^{nc} < \pi_r^{sc}$。

命题4意味着，若消费者对低碳产品的偏好程度和减排研发成果的溢出率之间能满足 $\theta < h_1(\beta)$，与制造商选择不合作策略相比，制造商选择半合作策略和完全合作策略均会降低零售商的利润，而且完全合作策略下零售商的利润最低。若消费者对低碳产品的偏好程度和减排研发成果的溢出率之间能满足 $h_1(\beta) < \theta < 1$，与制造商选择不合作策略相比，制造商选择半合作策略会增加零售商的利润，选择完全合作策略会降低零售商的利润。而且，由于 $h_1(\beta) < \theta < 1$ 所占的面积略大，因此，制造商选择半合作策略时增加零售商的利润的可能性略大，选择完全合作策略时降低零售商的利润的可能性也略大。

（三）供应链的利润比较

记制造商选择不合作策略下供应链的利润为 $\pi^{nc} = \pi_1^{nc} + \pi_2^{nc} + \pi_r^{nc}$，选择半合作策略下供应链的利润为 $\pi^{sc} = \pi_1^{sc} + \pi_2^{sc} + \pi_r^{sc}$，选择完全合作策略下供应链的利润为 $\pi^{cc} = \pi_1^{cc} + \pi_2^{cc} + \pi_r^{cc}$。根据（1-14）式、（1-15）式、（1-21）式、（1-22）式、（1-30）式和（1-31）式，可以比较政府不干预下制造商选择不合作策略、半合作策略与完全合作策略时供应链的利润，结果如下：

$$\begin{cases} \pi^{sc}-\pi^{nc}=-\theta^2\alpha_1^2(\alpha_1+1)(2\alpha_1-1)^2(2\beta\theta^2+\delta_1\theta+\delta_2)(2\delta_6^2\lambda_1\theta^6 \\ \qquad\qquad +\lambda_2\theta^5+\lambda_3\theta^4+\lambda_4\theta^3-\lambda_5\theta^2-4\lambda_6\theta-8\lambda_7)/(2\Delta_1^2\Delta_2^2) \\ \pi^{cc}-\pi^{nc}=-(\alpha_1+1)(16\beta\delta_6^2\lambda_1\theta^{10}+16\beta v_1\theta^9+4v_2\theta^8+8v_3\theta^7+v_4\theta^6 \\ \qquad\qquad +4v_5\theta^5+v_6\theta^4-6v_7\theta^3-4v_8\theta^2+1488\theta+144)/(2\Delta_1^2\Delta_3^2) \\ \pi^{cc}-\pi^{sc}=-(\alpha_1+1)(4\delta_6^4\theta^7+\delta_6^2\zeta_1\theta^6+4\zeta_2\zeta_3\theta^5+\zeta_4\theta^4-2\zeta_5\theta^3 \\ \qquad\qquad -4\zeta_6\theta^2+144\theta+16)/(2\Delta_2^2\Delta_3^2) \end{cases} \quad (1\text{-}36)$$

其中，$\lambda_1=3\beta+2$，$\lambda_2=18\beta^3+49\beta^2+12\beta-3$，$\lambda_3=15\beta^3+45\beta^2-123\beta-65$，$\lambda_4=2\beta^3+11\beta^2-304\beta-141$，$\lambda_5=\beta^3+\beta^2+273\beta+127$，$\lambda_6=27\beta+13$，$\lambda_7=2\beta+1$，$v_1=18\beta^3+47\beta^2+24\beta+3$，$v_2=171\beta^4+438\beta^3-163\beta^2-156\beta-14$，$v_3=103\beta^4+259\beta^3-680\beta^2-357\beta-21$，$v_4=535\beta^4+1320\beta^3-11694\beta^2-5336\beta+935$，$v_5=45\beta^4+109\beta^3-3165\beta^2-1299\beta+1378$，$v_6=25\beta^4+60\beta^3-7546\beta^2-2716\beta+11169$，$v_7=397\beta^2+122\beta-1867$，$v_8=79\beta^2+22\beta-1458$，$\zeta_1=7\beta^2+14\beta-25$，$\zeta_2=\beta^2-4\beta-1$，$\zeta_3=\beta^2+8\beta+11$，$\zeta_4=\beta^4+4\beta^3-114\beta^2-236\beta+217$，$\zeta_5=27\beta^2+54\beta-277$，$\zeta_6=3\beta^2+6\beta-110$。根据(1-36)式易证：对于任意$0<\beta$，$\theta<1$，有$\mathrm{sign}(\pi^{sc}-\pi^{nc})=\mathrm{sign}(2\beta\theta^2+\delta_1\theta+\delta_2)$，$\mathrm{sign}(\pi^{cc}-\pi^{nc})=\mathrm{sign}(-(16\beta\delta_6^2\lambda_1\theta^{10}+16\beta v_1\theta^9+4v_2\theta^8+8v_3\theta^7+v_4\theta^6+4v_5\theta^5+v_6\theta^4-6v_7\theta^3-4v_8\theta^2+1488\theta+144))$，恒有$\pi^{cc}<\pi^{sc}$，即与制造商选择半合作策略相比，制造商选择完全合作策略会减少供应链的利润。

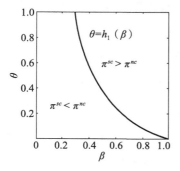

图1-6　不合作与半合作下
供应链的利润比较

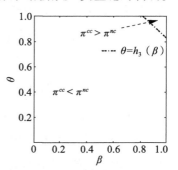

图1-7　不合作与完全
合作下供应链的利润比较

如图 1-6 所示，由于 $\theta = h_1(\beta)$ 时，有 $2\beta\theta^2 + \delta_1\theta + \delta_2 = 0$。若 $\theta < h_1(\beta)$，有 $\pi^{sc} < \pi^{nc}$，即与制造商选择不合作策略相比，制造商选择半合作策略会降低供应链的利润。若 $h_1(\beta) < \theta < 1$，有 $\pi^{sc} > \pi^{nc}$，即与制造商选择不合作策略相比，制造商选择半合作策略会增加供应链的利润。令 $16\beta\delta_6^2\lambda_1\theta^{10} + 16\beta\upsilon_1\theta^9 + 4\upsilon_2\theta^8 + 8\upsilon_3\theta^7 + \upsilon_4\theta^6 + 4\upsilon_5\theta^5 + \upsilon_6\theta^4 - 6\upsilon_7\theta^3 - 4\upsilon_8\theta^2 + 1488\theta + 144 = 0$。

如图 1-7 所示，可求得 $\theta = h_3(\beta)$。若 $\theta < h_3(\beta)$，有 $\pi^{cc} < \pi^{nc}$，即与制造商选择不合作策略相比，制造商选择完全合作策略会降低供应链的利润。反之，若 $h_3(\beta) < \theta < 1$，有 $\pi^{cc} > \pi^{nc}$，即与制造商选择不合作策略相比，制造商选择完全合作策略会增加供应链的利润。

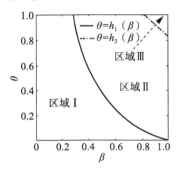

图 1-8　不同研发形式下供应链利润的综合比较

如图 1-8，由于 $h_1(\beta) < h_3(\beta)$，综合起来有，若 $\theta < h_1(\beta)$，见图 1-8 中的区域 I，有 $\pi^{cc} < \pi^{sc} < \pi^{nc}$，即制造商选择不合作策略下供应链的利润最高，选择完全合作策略下供应链的利润最低，选择半合作策略下供应链的利润介于两者之间。若 $h_1(\beta) < \theta < h_3(\beta)$，见图 1-8 中的区域 II，有 $\pi^{cc} < \pi^{nc} < \pi^{sc}$，即制造商选择半合作策略下供应链的利润最高，选择完全合作策略下供应链的利润最低，选择不合作策略下供应链的利润介于两者之间。若 $h_3(\beta) < \theta < 1$，见图 1-8 中的区域 III，有 $\pi^{nc} < \pi^{cc} < \pi^{sc}$，即制造商选择半合作策略下供应链的利润最高，选择不合作策略下供应链的利润最低，选择完全合作策略下供应链的利润介于两者之间。因此，根据制造商选择不合作策略、半合作策略与完全合作策略时供应链的利润比较，可以有如下命题：

命题 5 对任意 $0<\beta$，$\theta<1$，若 $\theta<h_1(\beta)$，有 $\pi^{cc}<\pi^{sc}<\pi^{nc}$；若 $h_1(\beta)<\theta<h_3(\beta)$，有 $\pi^{cc}<\pi^{nc}<\pi^{sc}$；若 $h_3(\beta)<\theta<1$，有 $\pi^{nc}<\pi^{cc}<\pi^{sc}$。

命题 5 意味着，制造商选择不合作策略与半合作策略和完全合作策略下供应链的利润不分伯仲。具体而言，若消费者对低碳产品的偏好程度和减排研发成果的溢出率之间能满足 $\theta<h_1(\beta)$，与制造商选择不合作策略相比，制造商选择半合作策略以及选择完全合作策略均会减少供应链的利润，而且制造商选择完全合作策略下供应链的利润最低。若消费者对低碳产品的偏好程度和减排研发成果的溢出率之间能满足 $h_1(\beta)<\theta<h_3(\beta)$，与制造商选择不合作策略相比，制造商选择半合作策略会增加供应链的利润，而制造商选择完全合作策略会减少供应链的利润。若消费者对低碳产品的偏好程度和减排研发成果的溢出率之间能满足 $h_3(\beta)<\theta<1$，与制造商选择不合作策略相比，制造商选择半合作策略和选择完全合作策略都会增加供应链的利润，而且半合作策略下供应链的利润最高。相对而言，由于 $h_1(\beta)<\theta<h_3(\beta)$ 所占的面积略大，即制造商选择半合作策略下供应链获得最多利润的可能性略大，制造商选择完全合作策略下供应链获得最少利润的可能性也略大。

四、综合比较

综合制造商的减排研发水平、净碳排放量和利润、零售商的利润以及供应链的利润的比较，可以发现：对任意 $0<\beta$，$\theta<1$，$x_m^{cc}>x_m^{sc}$，$e_m^{cc}<e_m^{nc}$，$e_m^{cc}<e_m^{sc}$，$\pi_m^{cc}>\pi_m^{sc}>\pi_m^{nc}$，$\pi_r^{cc}<\pi_r^{nc}$，$\pi_r^{cc}<\pi_r^{sc}$ 和 $\pi^{cc}<\pi^{sc}$ 恒成立。即与制造商选择不合作策略相比，制造商选择半合作策略会增加制造商的利润，制造商选择完全合作策略会降低制造商的净碳排放量和零售商的利润，增加制造商的利润；与制造商选择半合作策略相比，制造商选择完全合作策略会提高制造商的减排研发水平和利润，降低制造商的净碳排放量、零售商的利润和供应链的利润。

若 $\theta<\min(h_1(\beta),\ h_2(\beta))$，见图 1-9 中的区域 I，有 $x_m^{sc}<x_m^{nc}$，$x_m^{cc}>x_m^{nc}$，$e_m^{sc}>e_m^{nc}$，$\pi_r^{sc}<\pi_r^{nc}$，$\pi^{sc}<\pi^{nc}$，$\pi^{cc}<\pi^{nc}$。即较之于制造商选择不合作策略，制

造商选择半合作策略会降低制造商的减排研发水平、零售商的利润和供应链的利润，增加制造商的净碳排放量；制造商选择完全合作策略会提高制造商的减排研发水平，降低供应链的利润。

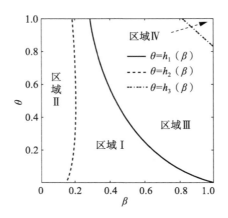

图1-9 不同策略下的综合比较

若 $h_2(\beta) < \theta < 1$，见图 1-9 中的区域 II，有 $x_m^{sc} < x_m^{nc}$，$x_m^{cc} < x_m^{nc}$，$e_m^{sc} > e_m^{nc}$，$\pi_r^{sc} < \pi_r^{nc}$ 和 $\pi^{sc} < \pi^{nc}$，$\pi^{cc} < \pi^{nc}$，即较之于制造商选择不合作策略，制造商选择半合作策略会降低制造商的减排研发水平、零售商的利润和供应链的利润，增加制造商的净碳排放量；制造商选择完全合作策略会降低制造商的减排研发水平和供应链的利润。

若 $h_1(\beta) < \theta < h_3(\beta)$，见图 1-9 中的区域 III，有 $x_m^{sc} > x_m^{nc}$，$x_m^{cc} > x_m^{nc}$，$e_m^{sc} < e_m^{nc}$，$\pi_r^{sc} > \pi_r^{nc}$，$\pi^{sc} > \pi^{nc}$，$\pi^{cc} < \pi^{nc}$。即较之于制造商选择不合作策略，制造商选择半合作策略会提高制造商的减排研发水平、零售商的利润和供应链的利润，降低制造商的净碳排放量；制造商选择完全合作策略会提高制造商的减排研发水平，降低供应链的利润。

若 $h_3(\beta) < \theta < 1$，见图 1-9 中的区域 IV，有 $x_m^{sc} > x_m^{nc}$，$x_m^{cc} > x_m^{nc}$，$e_m^{sc} < e_m^{nc}$，$\pi_r^{sc} > \pi_r^{nc}$，$\pi^{sc} > \pi^{nc}$ 和 $\pi^{cc} > \pi^{nc}$。即较之于制造商选择不合作策略，制造商选择半合作策略会提高制造商的减排研发水平、零售商的利润和供应链的利润，降低制造商的净碳排放量；制造商选择完全合作策略会提高制造商的

减排研发水平和供应链的利润。

因此，根据制造商选择不合作策略、半合作策略与完全合作策略时制造商的减排研发水平、制造商的净碳排放量、制造商的利润、零售商的利润以及供应链的利润比较，可以有如下命题：

命题 6　对任意 $0<\beta$，$\theta<1$，若 $\theta<\min(h_1(\beta),h_2(\beta))$，有 $x_m^{sc}<x_m^{nc}<x_m^{cc}$，$e_m^{cc}<e_m^{nc}<e_m^{sc}$ 和 $\pi_m^{cc}>\pi_m^{sc}>\pi_m^{nc}$，$\pi_r^{cc}<\pi_r^{sc}<\pi_r^{nc}$，$\pi^{cc}<\pi^{sc}<\pi^{nc}$；若 $h_2(\beta)<\theta<1$，有 $x_m^{sc}<x_m^{cc}<x_m^{nc}$，$e_m^{cc}<e_m^{nc}<e_m^{sc}$，$\pi_m^{cc}>\pi_m^{sc}>\pi_m^{nc}$，$\pi_r^{cc}<\pi_r^{sc}<\pi_r^{nc}$，$\pi^{cc}<\pi^{sc}<\pi^{nc}$；若 $h_1(\beta)<\theta<h_3(\beta)$，$x_m^{nc}<x_m^{sc}<x_m^{cc}$ 和 $e_m^{cc}<e_m^{sc}<e_m^{nc}$，$\pi_m^{cc}>\pi_m^{sc}>\pi_m^{nc}$，$\pi_r^{cc}<\pi_r^{nc}<\pi_r^{sc}$，$\pi^{cc}<\pi^{nc}<\pi^{sc}$；若 $h_3(\beta)<\theta<1$，有 $x_m^{nc}<x_m^{sc}<x_m^{cc}$，$e_m^{cc}<e_m^{sc}<e_m^{nc}$，$\pi_m^{cc}>\pi_m^{sc}>\pi_m^{nc}$，$\pi_r^{cc}<\pi_r^{nc}<\pi_r^{sc}$，$\pi^{nc}<\pi^{cc}<\pi^{sc}$。

命题 6 意味着，若 $\theta<\min(h_1(\beta),h_2(\beta))$，与制造商选择不合作策略相比，制造商选择半合作策略会降低制造商的减排研发水平、零售商的利润和供应链的利润，增加制造商的净碳排放量和利润；制造商选择完全合作策略会提高制造商的减排研发水平和利润，降低制造商的净碳排放量、零售商的利润和供应链的利润。

若 $h_2(\beta)<\theta<1$，与制造商选择不合作策略相比，制造商选择半合作策略会增加制造商的净碳排放量，选择完全合作策略会降低制造商的碳排放量，半合作策略和完全合作策略都会降低制造商的减排研发水平、零售商的利润和供应链的利润，但是会增加制造商的利润。而且，制造商选择半合作策略下制造商的减排研发水平最低，制造商选择完全合作策略下制造商的利润最高，零售商的利润和供应链的利润均最低。

若 $h_1(\beta)<\theta<h_3(\beta)$，与制造商选择不合作策略相比，制造商选择半合作策略会增加零售商的利润和供应链的利润，制造商选择完全合作策略会降低零售商的利润和供应链的利润，制造商选择半合作策略和完全合作策略均会提高制造商的减排研发水平和利润，降低制造商的净碳排放量，且制造商选择完全合作策略下制造商的减排研发水平和利润均最高，净碳排放量最低。

若 $h_3(\beta)<\theta<1$，与制造商选择不合作策略相比，制造商选择半合作策略会增加零售商的利润，选择完全合作策略会降低零售商的利润，制造商选择半合作策略和完全合作策略均会增加制造商的减排研发水平、制造商的利润和供应链的利润，降低制造商的净碳排放量，且制造商选择完全合作策略下制造商的减排研发水平、制造商的利润均是最高的，制造商选择半合作策略下供应链的利润是最高的。

相对而言，由于 $h_1(\beta)<\theta<h_3(\beta)$ 所占的面积最大，即制造商选择不合作策略下制造商的减排研发水平和利润是最低的以及净碳排放量是最高的可能性最大；制造商选择半合作策略下零售商的利润和供应链的利润是最高的可能性最大；制造商选择完全合作策略下制造商的减排研发水平及其利润是最高以及制造商的净碳排放量、零售商的利润和供应链的利润是最低的可能性最大。

第四节　结　论

本章以两个制造商和单个零售商组成的两级供应链为研究对象，并考虑到消费者低碳产品偏好，制造商之间可以选择不合作策略(不进行减排研发合作)、半合作策略(仅进行减排研发合作)和完全合作策略(同时进行减排研发合作和定价合作)，构建了政府不干预下制造商确定研发水平，制造商确定产品的批发价格以及零售商确定产品的零售价格的三阶段动态博弈模型。运用逆向归纳法求得各博弈模型的均衡解，并比较了制造商选择不同策略下减排研发水平、净碳排放量和企业利润。研究结果表明：制造商选择完全合作策略下制造商的减排研发水平高于选择半合作策略下制造商的减排研发水平，选择不合作策略下制造商的减排研发水平与选择半合作策略和完全合作策略下制造商的减排研发水平不相上下，但选择完全合作策略下制造商减排研发水平最高的可能性较大；制造商选择完全合作策略下制造商的净碳排放量最低，选择不合作策略下制造商的净碳排放量与半合作策略下的不相上下；制造商选择完全合作策略下制造商的利润最高，选择不合作策略下制造商的利润最低，选择半合作策略下制造商的利润介于两者之间；制造商选择完全合作策略下零售商的利润最低，选择不合作策略下零售商的利润与半合作策略下的不相上下，但选择半合作策略下零售商利润最高的可能性略大；制造商选择不合作策略、半合作策略和完全合作策略下供应链的利润不相上下，但选择半合作策略下供应链获得最多利润的可能性略大。

第二章　生产型碳税政策与两级供应链减排研发的效果

　　碳排放造成的环境问题日益严重，按照目前的增长速度，《巴黎协定》提出的减排目标难以实现（Peters et. al，2017）。国际社会已提出了碳税、碳交易等政策以控制碳排放量。与碳交易政策相比，碳税政策更有利于降低碳排放量（Nordhaus，1999），GDP 损失率较小，减排成本较低（石敏俊等，2013），被认为是一种有效、可行的全球气候治理政策（马晓哲等，2016）。

　　世界上已有多个发达国家实施了碳税政策，如丹麦等北欧国家是碳税政策的先行者，英国和德国等欧洲国家以及日本、加拿大等国也相继加入。在碳税政策的制定中，明确各国碳排放责任，测算各国碳排放量是重要基础。乔小勇等（2018）指出，现阶段国际上对碳排放责任分配还存有分歧，主要集中于"生产者责任"（生产者应为碳排放量负责）原则和"消费者责任"（消费者应为碳排放量负责）原则。在实践中，一些国家实施生产型碳税政策（对产生碳排放量的企业征收碳税），如丹麦和瑞典对工业企业征税。也有一些国家实施消费型碳税政策（对产生碳排放量的消费者征收碳税），如荷兰对家庭和小型能源消费者征税。

　　以中国为代表的发展中国家还处于碳税政策的研究阶段，也获得了一些学者的支持，中国应择机实施碳税政策（中国财政科学研究院课题组，2018）。在披露碳交易试点计划后，中国国家发展改革委等有关部门将开征碳税纳入核心议题，有学者建议中国应在"十三五"后期开征碳税（苏明等，2016）。经过模拟中国征收碳税（对生产环节征收碳税）的效果，吴力波等（2014）认为，随着减排力度的提高，中国也应实施碳税政策（主要是生产型碳税政策）。姚昕和刘希颖（2010）以及徐盈之和周秀丽（2014）还认为，中国目前应选择低碳税税率，但可根据经济发展阶段渐进地调整。魏守道和汪前元（2015）还研究发展中国家运用碳税应对碳关税的效果，发现与不征收碳税相比，发展中国家征收碳税可以在一定条件下提高其福利，增加其企业利润，以及降低其碳排放量。可以预见的是，碳税政策将不再仅仅是发达国家实施的政策，中国等发展中国家也将付诸实践。

第一节　文献综述

尽管 D'Aspremont C. 和 Jacquemin A.（1988）以及 Kamien 等（1992）研究发现，企业之间进行降低生产成本的研发合作可促使企业增加研发投资，但是，与降低生产成本研发不同，由于减排研发会提高企业成本，企业不会主动进行减排研发，需要政府制定和实施政策进行引导。如 Katsoulacos 和 Xepapadeas（1996）发现，当且仅当政府征收碳税，企业才会进行减排研发。后来学者们对碳税政策与减排研发做了大量的研究。

一、生产型碳税政策与产业内减排的研究

Katsoulacos 等（1999）比较减排研发联合体与研发竞争后发现，若环境损害不大，减排研发联合体下国家福利较高。

在 Kamien 等（1992）的分类基础上，Chiou 和 Hu（2001）比较了研发卡特尔、研发联合体竞争和研发联合体卡特尔三种减排研发联合体的效果，发现研发卡特尔下的碳排放量总是最高的，研发水平总是最低的；而且若企业之间可共享足够多的研发成果，研发联合体卡特尔下的碳排放量最低，研发水平最高。

Poyago-Theotoky（2007）比较了减排研发竞争与研发卡特尔的效果，发现减排研发成本较低或碳排放对环境的损害较小时，研发卡特尔下减排研发水平较高。

Hattori(2010)研究了政府合作实施碳税政策对国家福利和企业低碳技术研发动机的影响，发现政府合作实施碳税政策总可以提高国家福利，只有当环境损害较小时，环境政策合作才能提高企业研发动机。

杨仕辉和魏守道(2013a)比较了开放经济下企业选择研发竞争和研发合作的效果，发现若企业不共享减排研发成果，研发合作下减排研发水平较低，碳排放量较高；若企业共享减排研发成果，研发合作下减排研发水平较高。

杨仕辉和魏守道(2016)考虑到产品差异化，比较研发竞争和研发卡特尔后发现，企业选择减排研发卡特尔时研发水平和东道国福利水平都要高一些，而东道国政府的最优碳税要低一些；但随着产品差异化程度的缩小和环境研发溢出程度的降低，研发卡特尔优于研发竞争的程度也在缩小。

周建波和魏守道(2018)考虑企业在产品市场上进行价格竞争，比较研发竞争与研发合作后发现，与研发竞争相比，企业选择研发合作总可以增加它们的利润，有较大可能提高它们的研发水平和国家福利。

引入消费者的低碳产品偏好后，计国君和胡李妹(2015)给定碳税税率，研究了企业选择不同生产方式的策略。结果表明：如果消费者对产品的低碳偏好程度较高，且该群体所占的比例较高，生产企业实施碳减排研发可以带来收益，因此，两个生产企业均会实施碳减排研发。

二、生产型碳税政策与供应链减排的研究

Benjaafar 等(2013)最早将碳排放纳入垂直产业，并分别建立了碳排放限额模型、碳税模型和碳交易模型，通过参数赋值分析了垂直产业减排研发合作的效果。

有学者研究制造商与零售商组成的两级供应链企业之间选择减排研发策略的效果。多数学者以单个制造商和单个零售商组成的供应链为研究对象。李晓妮和韩瑞珠(2016)构建了制造商与零售商先后确定研发水平和产品价格的博弈模型。结果表明：政府实施碳税政策会降低产品的零售价

格，批发价格的变化取决于制造商和零售商的研发资金投入。而且，随着零售商研发资金投入的减少，批发价格会下降，零售价格变化不确定。

杨惠霄和骆建文（2016）研究了批发价契约和收益共享契约下制造商的减排决策。结果表明：批发价契约下，如果政府提高碳税税率或消费者增强低碳偏好程度，制造商会提高减排水平；收益共享契约下，如果政府提高碳税税率，制造商也会提高减排水平，如果政府实施碳税政策，即便消费者没有低碳偏好，制造商也会减排，如果消费者有低碳偏好，即便政府不对实施碳税政策，制造商也会减排。

张李浩等（2017）比较了不采用减排技术时分散式决策和收益共享契约下的决策，以及采用减排技术时分散决策和收益共享契约下的决策的效果。结果表明：最优减排率与碳税税率正相关，与单位碳排放量负相关，收益共享契约可以有效地协调采用碳减排技术前后的供应链。

姜跃和韩水华（2017）比较了零售商分担和不分担减排成本的效果，发现零售商分担减排成本后，如果制造商的减排量满足一定条件，制造商的利润和零售商的利润均会增加，实现帕累托最优。

张李浩等（2018）以一条高碳供应链和一条低碳供应链组成的竞争分散型供应链（每条供应链均包含单个制造商和单个零售商）为研究对象，考虑每条供应链均可以选择批发价格契约和二部定价契约，比较了供应链成员定价策略选择。结果表明：如果固定费用在一定范围内时，高碳供应链应采用批发价格契约，低碳供应链应采用二部定价契约，否则两条供应链均采用批发价格契约；高碳供应链无法通过二部定价契约实现帕累托改进，低碳供应链则可以通过调节固定费用实现帕累托改进，而且，随着低碳技术研发水平的提高，低碳供应链越有可能实现帕累托改进。

Yang 和 Chen（2018）比较了仅共享收益、仅分担减排成本、既共享收益又分担减排成本、既不共享收益也不分担减排成本的效果。结果表明：在这四种情形下，制造商都会进行减排；仅共享收益与既共享收益又分担减排成本下制造商的利润和零售商的利润相等；与既不共享收益也不分担减排成本相比，仅共享收益、仅分担减排成本以及既共享收益又分担减排成本都会增加制造商的利润和零售商的利润，而且，仅共享收益或既共享收益又分担减排成本下制造商的利润和零售商的利润最高。

个别学者以单个制造商和两个零售商组成的供应链为研究对象。谢鑫鹏和赵道致（2013a）比较了双方在制造商减排研发与零售商促销上的合作和不合作策略，发现双方选择合作策略下，制造商会提高减排研发，零售商也会加大低碳产品宣传力度。

还有学者以不同结构的供应链为研究对象。熊中楷等（2014）分别考虑单个制造商和两个零售商组成的供应链以及两个制造商和单个零售商组成的供应链，制造商均处于领导地位，比较了两种供应链下碳税和消费者环保意识对制造商碳排放量和供应链利润的影响。结果表明，在单个制造商和两个零售商组成的供应链中，碳税和消费者环保意识的增加可以降低制造商的碳排放量和利润以及增加零售商的利润，但在两个制造商和单个零售商组成的供应链中，碳税税率的提高和消费者环保意识的增加可以降低制造商的碳排放量，提高制造商、零售商的利润和供应链总利润。

周艳菊等（2017）分别以单个制造商和单个零售商组成的供应链以及单个制造商和多个零售商组成的供应链为研究对象，将制造商和零售商构成的两级供应链分为垄断和竞争两种情形，研究碳税税率变化对供应链的影响。结果表明：两种情形下，随着消费者低碳偏好程度提高，最优碳税税率也越高；如果消费者低碳偏好程度或碳价格较高，政府按最优碳税税率征收碳税可有效改善国家福利；如果消费者低碳偏好程度或碳价格较低，政府尤其要对高碳排放量制造商征收碳税。

也有学者研究供应商与制造商组成的两级供应链选择减排研发策略的效果。其中，多数学者以单个供应商和单个制造商组成的供应链为研究对象。张汉江等（2015）构建了供应商不减排研发，制造商单独减排研发以及供应商补贴制造商减排研发成本的博弈模型，发现与制造商单独减排研发相比，供应商补贴制造商减排研发成本下制造商的减排研发水平较高，且供应商补贴制造商减排研发成本的比例越大，制造商的减排研发水平越高。通过数值分析还发现，随着消费者低碳偏好程度的提高，制造商的减排研发水平和利润均会增加。

夏良杰等（2015）考虑供应商为跟随者和制造商为领导者，比较了供应商和制造商单独减排以及联合减排的效果，发现政府提高碳税税率均可以促进企业提高减排；制造商可以通过提高自身减排量和向供应商提供转移支付鼓励供应商提高减排量。

张汉江等（2015）构建了供应商不减排研发、制造商单独减排研发以及供应商补贴制造商减排研发成本的博弈模型，发现与制造商单独减排研发相比，供应商补贴制造商减排研发成本下制造商的减排研发水平较高，且供应商补贴制造商减排研发成本的比例越大，制造商的减排研发水平越高。通过数值分析还发现，随着消费者低碳偏好程度的提高，制造商的减排研发水平和利润均会增加。

姜跃和韩水华（2016）考虑供应商为领导者和制造商为跟随者，比较了供应商参与和不参与减排两种情形下的效果。结果表明：与供应商不参与减排相比，供应商参与减排会提高供应商的利润，如果碳税税率相对较低，供应商参与减排也会提高制造商的利润，但是随着碳税税率的提高，供应商参与减排会降低制造商的利润。

程永伟和穆东（2016）构建了碳税无返还、碳税返还消费者、碳税返还零售商以及制造商与零售商共同分担的四类博弈模型，发现向制造商征税并返还零售商的征税模式下研发水平最好，对经济的负面影响较小。

李金溪和易余胤（2020）比较了分散决策和集中决策的效果，发现与分散决策相比，集中决策下供应商的减排水平、制造商的减排水平和供应链的利润都较高，单位产品的碳排放量较低。随着垂直溢出率的增加，供应商的减排水平、制造商的减排水平、单位产品的碳排放量和供应链的利润的差距会越来越大。

个别学者考虑两个供应商和两个制造商。魏守道和周建波（2016）比较了供应商和制造商可选择研发竞争、水平研发合作、垂直研发合作和全面研发合作的效果。研究表明：从减排研发水平和净碳排放总量看，研发合作优于研发竞争，且全面合作是各企业的最优策略选择；考虑到企业利润后，供应商的最优策略选择也是全面合作，制造商的最优策略选择是垂直合作或水平合作。

综上所述，学者们对生产型碳税政策与产业内减排以及供应链减排研发有丰富的研究成果，但是还存在一些不足之处。第一，有关生产型碳税政策与产业内减排的研究只是集中于制造商的策略，有关生产型碳税政策与供应链减排的研究主要考虑单个制造商和单个零售商组成的供应链或单个供应商和单个制造商组成的供应链，对多个供应链成员的研究还比较少。第二，这些研究提供的策略主要包括制造商之间是否要进行减排合作，上下游供应链成员之间减排成本分担或促销成本分担，鲜有学者研究供应链成员之间在产品价格上的策略。本章以两个制造商和单个零售商组成的供应链为研究对象，考虑消费者具有低碳产品偏好以及政府征收生产型碳税，制造商之间可以选择不合作（制造商单独确定批发价格水平和减排研发水平）、半合作（制造商之间仅进行减排研发合作）和完全合作（制造商合作确定批发价格水平和减排研发水平），研究供应链策略选择的效果。

第二节　模型构建与求解

一、基本假设

本章考虑由两个制造商和单个零售商组成的两级供应链。其中，制造商 $m(m=1,2)$ 生产同质产品，产量为 q_m，以批发价格 ω_m 销售给零售商 R，零售商 R 最后以零售价格 p_m 销售给具有低碳产品偏好的消费者。为简化计算，不考虑制造商的生产成本，并设生产单位最终产品排放单位碳排放量。为减少碳排放量，制造商 m 可实施减排研发。在产品定价和减排研发形式方面，制造商之间可以选择不合作、半合作和完全合作。

借鉴 Poyago-Theotoky（2007）的研究，设制造商 m 的减排研发水平为 x_m 时，研发成本为 $C_m = x_m^2/2$，研发成果可在制造商之间免费溢出，设研发溢出率为 $\beta(0<\beta<1)$。从而，制造商 m 的净碳排放量为 $e_m = q_m - x_m - \beta x_n(m, n, = 1, 2, m \neq n)$。借鉴 Poyago-Theotoky（2007）的研究，设碳排放造成的环境损害函数为 $D = (e_1 + e_2)^2/2$。设消费者从最终产品的消费中获得的效用函数为 $U = q_1 + q_2 - (q_1 + q_2)^2/2$，从而可求得消费者剩余函数为 $CS = (q_1 + q_2)^2/2$。由于碳排放损害环境质量，制造商面临政府环境规制的压力和消费者对低碳产品的购买压力。设政府对制造商的碳排放征收税率为 τ 的生产型碳税，则政府获得的碳税收入为 $T = \tau(e_1 + e_2)$。借鉴 Singh 和 Vives（1984）的研究，引入消费者对低碳产品的偏好程度为 $\theta(0<\theta<1)$，设消费者对制造商 m 的产品的逆需求函数为 $p_m = 1 - q_m - q_n - \theta e_m$，从而可求得消费者对制造商 m 的产品的需求函数为：

$$q_m = \frac{\theta - (1+\theta)p_m + p_n + \theta(1+\theta)(x_m + \beta x_n) - \theta(\beta x_m + x_n)}{\theta(2+\theta)} \qquad (2-1)$$

零售商 R 的利润函数为：

$$\pi_r = (p_1 - \omega_1)q_1 + (p_2 - \omega_2)q_2 \qquad (2-2)$$

制造商 k 的利润函数为：

$$\pi_m = \omega_m q_m - \tau(q_m - x_m - \beta x_n) - x_m^2/2 \qquad (2-3)$$

国家福利函数为 $W = \pi_1 + \pi_2 + \pi_r + CS + T - D$，整理后有：

$$W = p_1 q_1 + p_2 q_2 + (q_1 + q_2)^2/2 - (x_1^2 + x_2^2)/2 - (e_1 + e_2)^2/2 \qquad (2-4)$$

二、博弈规则

政府与供应链成员之间的博弈顺序如下：第一阶段，政府确定生产型碳税税率；第二阶段，制造商确定减排研发水平；第三阶段，制造商确定产品的批发价格；第四阶段，零售商确定产品的零售价格。

三、模型求解

下面运用逆向归纳法求解各博弈模型。

（一）不合作模型的求解

1. 第四阶段：最终零售价格

给定政府的生产型碳税税率、制造商的研发水平和批发价格，零售商以自身利润最大化为目的确定最优零售价格。将（2-1）式代入（2-2）式，零售商确定最优零售价格的问题为：

$$\max_{p_1,p_2}\pi_r=\{(p_1-\omega_1)[\theta-(1+\theta)p_1+p_2+\theta(1+\theta)(x_1+\beta x_2)-\theta(\beta x_1+x_2)]+(p_2-\omega_2)\cdot$$

$$[\theta+p_1-(1+\theta)p_2+\theta(1+\theta)(\beta x_1+x_2)-\theta(x_1+\beta x_2)]\}/[\theta(2+\theta)]$$

$$(2-5)$$

联立 $\partial\pi_r/\partial p_1=0$ 和 $\partial\pi_r/\partial p_2=0$，可求得零售商确定的产品零售价格为：

$$p_m^*=[1+\omega_m+\theta(x_m+\beta x_n)]/2 \qquad (2-6)$$

由（2-6）式易知：$\partial p_m^*/\partial\omega_m>0$，即制造商 m 对产品制定的批发价格越高，零售商的进货成本越大，则零售商会提高该制造商最终产品的零售价格；$\partial p_m^*/\partial x_m=\theta/2$，$\partial p_m^*/\partial x_n=\beta\theta/2$，即无论是制造商自己提高自主研发水平还是竞争对手提高自主研发水平，都有助于降低制造商生产的产品的净碳排放量，具有低碳偏好的消费者愿意承担更高的购买价格，因此，零售商会提高产品的零售价格。但与竞争对手提高自主研发水平相比，制造商自己提高自主研发水平下零售商可以将其产品的价格定得更高。

2. 第三阶段：最优批发价格

将（2-6）式回代（2-1）式，可求得消费者对制造商 m 产品的需求函数为：

$$q_m^*=\frac{\theta-(1+\theta)\omega_m+\omega_n+\theta[(1+\theta)(x_m+\beta x_n)-(\beta x_m+x_n)]}{2\theta(2+\theta)} \qquad (2-7)$$

给定政府的生产型碳税税率和制造商的研发水平，制造商 m 确定最优批发价格的问题为：

$$\max_{\omega_m} \pi_m = \omega_m q_m^* - \tau(q_m^* - x_m - \beta x_n) - x_m^2/2 \qquad (2-8)$$

联立 $\partial \pi_1/\partial \omega_1 = 0$ 和 $\partial \pi_2/\partial \omega_2 = 0$，可求得制造商 m 确定的批发价格为：

$$\omega_m^* = [\theta(3+2\theta) + (1+\theta)(3+2\theta)\tau + \theta(2\theta^2+4\theta+1)(x_m+\beta x_n) \qquad (2-9)$$
$$- \theta(1+\theta)(\beta x_m + x_n)]/[(1+2\theta)(3+2\theta)]$$

根据（2-9）式可以求得：$\partial \omega_m^*/\partial \tau = (1+\theta)/(1+2\theta)$，$\mathrm{sign}(\partial \omega_m^*/\partial x_m) = \mathrm{sign}(2\theta^2+4\theta+1-\beta(1+\theta))$，$\mathrm{sign}(\partial \omega_m^*/\partial x_n) = \mathrm{sign}(\beta(2\theta^2+4\theta+1)-(1+\theta))$。对任意 $0 \leq \beta \leq 1$，$\theta > 0$，恒有 $\partial \omega_m^*/\partial \tau > 0$；恒有 $2\theta^2+4\theta+1 > \beta(1+\theta)$，即 $\partial \omega_m^*/\partial x_m > 0$ 恒成立。这就意味着，随着政府提高生产型碳税税率或制造商自己提高自主研发水平，制造商均可以制定更高的批发价格。当 $\beta > (1+\theta)/(2\theta^2+4\theta+1)$ 时，有 $\partial \omega_m^*/\partial x_n > 0$ 成立，反之则有 $\partial \omega_m^*/\partial x_n < 0$ 成立。这就意味着，只有当研发溢出率较高时，随着竞争对手提高自主研发水平，本企业也可以提高其产品的批发价格，否则本企业会降低其产品的批发价格。

3. 第二阶段：最优研发水平

在制造商选择不合作策略下，各制造商以其利润最大化为目的确定最优研发水平。给定政府的生产型碳税税率，制造商 m 确定最优研发水平的问题为：

$$\max_{x_m} \pi_m = \omega_m^* q_m^* - x_m^2/2 - \tau(q_m^* - x_m - \beta x_n) \qquad (2-10)$$

联立 $\partial \pi_1/\partial x_1 = 0$ 和 $\partial \pi_2/\partial x_2 = 0$，可求得制造商 m 的研发水平为：

$$x_m^* = -\frac{\theta\alpha_1(\alpha_2-\beta\alpha_1) + (\alpha_3\alpha_4+\beta\theta\alpha_1^2)\tau}{\alpha_5+\beta\theta^2\alpha_1\alpha_6} \qquad (2-11)$$

其中，$\alpha_1 = 1+\theta$，$\alpha_2 = 2\theta^2+4\theta+1$，$\alpha_3 = 2\theta^2+6\theta+3$，$\alpha_4 = 3\theta^2+6\theta+2$，$\alpha_5 = 2\theta^5-2\theta^4-31\theta^3-53\theta^2-31\theta-6$，$\alpha_6 = 2\theta^2+3\theta-\alpha_1\beta\theta$。

4. 第一阶段：最优生产型碳税税率

政府以国家福利最大化为目的确定最优生产型碳税税率，政府确定最优生产型碳税税率的问题可表示为：

$$\max_{\tau} W = \sum_{m=1}^{2} p_m^* q_m^* + \left(\sum_{m=1}^{2} q_m^* \right)^2 / 2 - \sum_{m=1}^{2} (x_m^*)^2 / 2 - \left(\sum_{m=1}^{2} e_m^* \right)^2 / 2$$

$$(2-12)$$

根据 $\partial W / \partial \tau = 0$，可求得制造商选择不合作下最优的生产型碳税税率为：

$$\tau^{nc} = \alpha_1 \left[4\beta^4 \theta^2 \alpha_1^3 + 2\beta^3 \theta \alpha_1 (2\alpha_1 + 1) \alpha_7 - \beta^2 \theta \alpha_8 - \beta \alpha_1 \alpha_9 - \alpha_{10} \right] / \Delta_1 \quad (2-13)$$

其中，$\Delta_1 = 4\beta^4 \theta^2 \alpha_1^4 - 2\beta^3 \theta \alpha_1^2 (2\alpha_1 + 1) \alpha_{11} - \beta^2 \alpha_{12} - 2\beta \alpha_{13} - \alpha_{14}$，$\alpha_7 = 2\theta^3 + 17\theta^2 + 17\theta + 4$，$\alpha_8 = 32\theta^6 + 236\theta^5 + 550\theta^4 + 463\theta^3 + 26\theta^2 - 123\theta - 36$，$\alpha_9 = 24\theta^7 + 196\theta^6 + 402\theta^5 + 5\theta^4 - 756\theta^3 - 775\theta^2 - 288\theta - 36$，$\alpha_{10} = 16\theta^7 + 144\theta^6 + 366\theta^5 + 222\theta^4 - 332\theta^3 - 509\theta^2 - 234\theta - 36$，$\alpha_{11} = 2\theta^4 - 5\theta^3 - 37\theta^2 - 34\theta - 8$，$\alpha_{12} = 32\theta^9 + 224\theta^8 + 156\theta^7 - 2522\theta^6 - 9281\theta^5 - 14824\theta^4 - 12731\theta^3 - 6038\theta^2 - 1476\theta - 144$，$\alpha_{13} = 32\theta^9 + 204\theta^8 + 24\theta^7 - 2887\theta^6 - 9921\theta^5 - 15722\theta^4 - 13700\theta^3 - 6706\theta^2 - 1722\theta - 180$，$\alpha_{14} = 32\theta^9 + 120\theta^8 - 812\theta^7 - 6372\theta^6 - 17839\theta^5 - 26404\theta^4 - 22448\theta^3 - 10964\theta^2 - 2853\theta - 306$。进而可求得制造商选择不合作策略下的均衡结果为：

$$x_m^{nc} = -\frac{\theta\alpha_1 (\alpha_2 - \beta\alpha_1) + (\alpha_3\alpha_4 + \beta\theta\alpha_1^2) \tau^{nc}}{\alpha_5 + \beta\theta^2\alpha_1\alpha_6} \quad (2-14)$$

$$\omega_m^{nc} = \frac{\theta + (1+\theta) \tau^{nc} + \theta^2 (1+\beta) x_m^{nc}}{1 + 2\theta} \quad (2-15)$$

$$q_m^{nc} = \frac{\theta - \theta\omega_m^{nc} + (1+\beta) \theta^2 x_m^{nc}}{2\theta(2+\theta)} \quad (2-16)$$

$$p_m^{nc} = \left[1 + \omega_m^{nc} + \theta(1+\beta) x_m^{nc} \right] / 2 \quad (2-17)$$

$$\pi_m^{nc} = \omega_m^{nc} q_m^{nc} - \tau^{nc} \left[q_m^{nc} - (1+\beta) x_m^{nc} \right] - (x_m^{nc})^2 / 2 \quad (2-18)$$

$$\pi_r^{nc} = 2(p_m^{nc} - \omega_m^{nc}) \left[\theta - \theta p_m^{nc} + (1+\beta) \theta^2 x_m^{nc} \right] / \left[\theta(2+\theta) \right] \quad (2-19)$$

经比较可知：当 $\beta, \theta \in (0, 1)$ 时，制造商选择不合作策略下的生产型碳税税率、研发水平、产量、批发价格及零售价格均为正。

（二）半合作模型的求解

制造商选择半合作模型的第四阶段和第三阶段的求解同制造商选择不合作模型的第四阶段和第三四阶段的求解，即零售商对制造商 m 生产的最终产品确定的零售价格见（2-6）式，制造商 m 确定的批发价格见（2-9）式，下面依次求解制造商选择半合作模型的第二阶段和第一阶段。

1. 第二阶段：最优研发水平

记制造商的利润之和为 $\pi_{mn} = \pi_m + \pi_n$。与制造商选择不合作策略不同的是，在制造商选择半合作策略下，每个制造商确定最优研发水平以最大化制造商的利润之和。给定政府的生产型碳税税率，制造商 m 确定最优研发水平的问题可以描述为：

$$\max_{x_m, x_n} \pi_{mn} = \omega_m^* q_m^* + \omega_n^* q_n^* - (x_m^2 + x_n^2)/2 - \tau [q_m^* + q_n^* - (1+\beta)(x_m + x_n)]$$

$$(2\text{-}20)$$

联立 $\partial \pi_{mn} / \partial x_m = 0$，$\partial \pi_{mn} / \partial x_n = 0$，可求得制造商 m 的研发水平为：

$$\tilde{x}_m^* = -\frac{(1+\beta)[\theta^2 \alpha_1 + (3\alpha_1 - 1)\delta_1 \tau]}{\beta(2+\beta)\theta^3 \alpha_1 + \delta_2}$$

$$(2\text{-}21)$$

其中，$\delta_1 = \theta^2 + 3\theta + 1$，$\delta_2 = \theta^4 - 3\theta^3 - 12\theta^2 - 9\theta - 2$。

2. 第一阶段：最优生产型碳税税率

与制造商选择不合作策略相同，政府也以国家福利最大化为目的确定最优生产型碳税税率，该问题可以描述为：

$$\max_{\tau} \tilde{W} = \sum_{m=1}^{2} p_m^* q_m^* + \left(\sum_{m=1}^{2} q_m^* \right)^2 / 2 - \sum_{m=1}^{2} (\tilde{x}_m^*)^2 / 2 - \left(\sum_{m=1}^{2} \tilde{e}_m^* \right)^2 / 2$$

$$(2\text{-}22)$$

根据 $\partial \tilde{W} / \partial \tau = 0$，可求得制造商选择半合作策略下最优的生产型碳税税率为：

$$\tau^{sc} = \alpha_1 (2\beta^4 \theta^2 \delta_3 + 8\beta^3 \theta^2 \delta_3 + \beta^2 \delta_4 + 2\beta \delta_5 + \delta_6) / \Delta_2 \qquad (2-23)$$

其中，$\Delta_2 = \beta^4 \delta_7 + 4\beta^3 \delta_7 + 2\beta^2 \delta_8 + 4\beta \delta_9 + \delta_{10}$，$\delta_3 = 4\theta^3 + 19\theta^2 + 17\theta + 4$，$\delta_4 = 44\theta^5 + 205\theta^4 + 140\theta^3 - 19\theta^2 - 28\theta - 4$，$\delta_5 = 12\theta^5 + 53\theta^4 + 4\theta^3 - 51\theta^2 - 28\theta - 4$，$\delta_6 = 4\theta^5 + 19\theta^4 - 18\theta^3 - 50\theta^2 - 26\theta - 4$，$\delta_7 = 8\theta^7 + 30\theta^6 - 69\theta^5 - 432\theta^4 - 655\theta^3 - 438\theta^2 - 136\theta - 16$，$\delta_8 = 24\theta^7 + 79\theta^6 - 296\theta^5 - 1550\theta^4 - 2293\theta^3 - 1525\theta^2 - 474\theta - 56$，$\delta_9 = 8\theta^7 + 19\theta^6 - 158\theta^5 - 686\theta^4 - 983\theta^3 - 649\theta^2 - 202\theta - 24$，$\delta_{10} = 8\theta^7 + 8\theta^6 - 251\theta^5 - 960\theta^4 - 1348\theta^3 - 892\theta^2 - 281\theta - 34$。进而可求得制造商选择半合作策略下的均衡结果为：

$$x_m^{sc} = -\frac{(1+\beta)\left[\theta^2 \alpha_1 + (3\alpha_1 - 1)\delta_1 \tau^{sc}\right]}{\beta(2+\beta)\theta^3 \alpha_1 + \delta_2} \qquad (2-24)$$

$$\omega_m^{sc} = \frac{\theta + (1+\theta)\tau^{sc} + \theta^2 (1+\beta) x_m^{sc}}{1+2\theta} \qquad (2-25)$$

$$q_m^{sc} = \frac{\theta - \theta \omega_m^{sc} + (1+\beta)\theta^2 x_m^{sc}}{2\theta(2+\theta)} \qquad (2-26)$$

$$p_m^{sc} = \left[1 + \omega_m^{sc} + \theta(1+\beta) x_m^{sc}\right] / 2 \qquad (2-27)$$

$$\pi_m^{sc} = \omega_m^{sc} q_m^{sc} - \tau^{sc}\left[q_m^{sc} - (1+\beta) x_m^{sc}\right] - (x_m^{sc})^2 / 2 \qquad (2-28)$$

$$\pi_r^{sc} = 2(p_m^{sc} - \omega_m^{sc})\left[\theta - \theta p_m^{sc} + (1+\beta)\theta^2 x_m^{sc}\right] / \left[\theta(2+\theta)\right] \qquad (2-29)$$

经比较可知：当 $\beta, \theta \in (0,1)$ 时，制造商选择半合作策略下的研发水平、产量、批发价格及零售价格均为正。而且，在 τ^{sc} 中，由于 $\beta^4 \delta_7 + 4\beta^3 \delta_7 + 2\beta^2 \delta_8 + 4\beta \delta_9 + \delta_{10} < 0$ 恒成立，因此可以有：$\text{sign}(\tau^{sc}) = \text{sign}(-\alpha_1(2\beta^4 \theta^2 \delta_3 + 8\beta^3 \theta^2 \delta_3 + \beta^2 \delta_4 + 2\beta \delta_5 + \delta_6))$。如图2-1所示，令 $\tau^{sc} = 0$ 可求得 $\theta = g_1(\beta)$。当 $\theta < g_1(\beta)$ 时，有 $2\beta^4 \theta^2 \delta_3 + 8\beta^3 \theta^2 \delta_3 + \beta^2 \delta_4 + 2\beta \delta_5 + \delta_6 < 0$ 成立，从而有 $\tau^{sc} > 0$ 成立。反之，当 $\theta > g_1(\beta)$ 时，有 $2\beta^4 \theta^2 \delta_3 + 8\beta^3 \theta^2 \delta_3 + \beta^2 \delta_4 + 2\beta \delta_5 + \delta_6 > 0$ 成立，从而有 $\tau^{sc} < 0$ 成立。

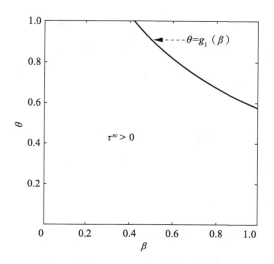

图 2-1　半合作模型下生产型碳税税率为正的条件

（三）完全合作模型的求解

制造商选择完全合作模型的第四阶段的求解同制造商选择不合作模型的第四阶段的求解，即零售商对制造商 m 生产的最终产品确定的零售价格见 (2-6) 式，下面依次求解完全合作模型的第三阶段、第二阶段和第一阶段。

1. 第三阶段：最优批发价格

与不合作模型和半合作模型不同的是，在完全合作模型下，每个制造商确定最优批发价格以最大化制造商的利润之和。给定政府的生产型碳税税率和制造商的减排研发水平，制造商 m 确定最优批发价格的问题可以描述为：

$$\max_{\omega_m,\omega_n}\pi_{mn}=\omega_m q_m^* +\omega_n q_n^* -(x_m^2+x_n^2)/2-\tau\left[\,q_m^* +q_n^* -(1+\beta)\,(x_m+x_n)\,\right]$$

$$(2\text{-}30)$$

联立 $\partial\pi_{mn}/\partial\omega_m=0$，$\partial\pi_{mn}/\partial\omega_n=0$，可求得制造商 m 制定的批发价格为：

$$\widetilde{\omega}_m^{**}=\left[\,1+\theta(x_m+\beta x_n)+\tau\,\right]/2 \qquad (2\text{-}31)$$

2. 第二阶段：最优研发水平

与制造商选择半合作策略相同，在制造商选择完全合作策略下，每个制造商也以制造商的利润之和最大化为目的确定最优研发水平。给定政府的生产型碳税税率，制造商 m 确定最优研发水平的问题可以描述为：

$$\max_{x_m, x_n} \pi_{mn} = \tilde{\omega}_m^{**} q_m^* + \tilde{\omega}_n^{**} q_n^* - (x_m^2 + x_n^2)/2 - \tau[q_m^* + q_n^* - (1+\beta)(x_m + x_n)]$$

$$(2-32)$$

联立 $\partial \pi_{mn}/\partial x_m = 0$，$\partial \pi_{mn}/\partial x_n = 0$，可求得制造商 m 的研发水平为：

$$\tilde{x}_m^{**} = -\frac{(1+\beta)[\theta + (8+3\theta)\tau]}{\theta^2(1+\beta)^2 - 4(\alpha_1+1)} \qquad (2-33)$$

3. 第一阶段：最优生产型碳税税率

与制造商选择不合作策略和选择半合作策略相同，制造商选择完全合作策略下，政府也以国家福利最大化为目的确定最优生产型碳税税率，该问题可以描述为：

$$\max_{\tau} \widetilde{W}^{**} = \sum_{m=1}^{2} p_m^* q_m^{**} + \left(\sum_{m=1}^{2} q_m^{**}\right)^2/2 - \sum_{m=1}^{2} (\tilde{x}_m^{**})^2/2 - \left(\sum_{m=1}^{2} \tilde{e}_m^{**}\right)^2/2$$

$$(2-34)$$

根据 $\partial \widetilde{W}^{**}/\partial \tau = 0$，可求得制造商选择完全合作策略下最优的生产型碳税税率为：

$$\tau^{cc} = 2[2\theta(\alpha_1+3)(4+\beta)\beta^3 + \beta^2\delta_{11} + 2\beta\delta_{12} + \delta_{13}]/\Delta_3 \qquad (2-35)$$

其中，$\Delta_3 = 2(4+\beta)\beta^3\delta_{14} + \beta^2\delta_{15} + 2\beta\delta_{16} + \delta_{17}$，$\delta_{11} = 11\theta^2 + 44\theta - 8$，$\delta_{12} = 3\theta^2 + 12\theta - 8$，$\delta_{13} = \theta^2 + 5\theta - 6$，$\delta_{14} = 2\theta^3 + 3\theta^2 - 32\theta - 64$，$\delta_{15} = 24\theta^3 + 25\theta^2 - 452\theta - 864$，$\delta_{16} = 8\theta^3 + \theta^2 - 196\theta - 352$，$\delta_{14} = 4\theta^3 - 5\theta^2 - 134\theta - 228$。进而可求得制造商选择完全合作策略下的均衡结果为：

$$x_m^{cc} = -\frac{(1+\beta)[\theta + (8+3\theta)\tau^{cc}]}{\theta^2(1+\beta)^2 - 4(\alpha_1+1)} \qquad (2-36)$$

$$\omega_m^{cc} = [1 + \theta(1+\beta)x_m^{cc} + \tau^{cc}]/2 \qquad (2-37)$$

$$q_m^{cc} = \frac{\theta - \theta\omega_m^{cc} + (1+\beta)\theta^2 x_m^{cc}}{2\theta(2+\theta)} \qquad (2-38)$$

$$p_m^{cc} = [1 + \omega_m^{cc} + \theta(1+\beta)x_m^{cc}]/2 \qquad (2-39)$$

$$\pi_m^{cc} = \omega_m^{cc} q_m^{cc} - \tau^{cc} \left[q_m^{cc} - (1+\beta) x_m^{cc} \right] - (x_m^{cc})^2 / 2 \qquad (2-40)$$

$$\pi_r^{cc} = 2(p_m^{cc} - \omega_m^{cc}) \left[\theta - \theta p_m^{cc} + (1+\beta) \theta^2 x_m^{cc} \right] / \left[\theta(2+\theta) \right] \qquad (2-41)$$

经比较可知：当 $\beta, \theta \in (0,1)$ 时，制造商选择完全合作策略下的研发水平、产量、批发价格及零售价格均为正。而且，在 τ^{cc} 中，由于 $2(4+\beta)\beta^3\delta_6 + \beta^2\delta_7 + 2\beta\delta_8 + \delta_9 < 0$ 恒成立，因此可以有：$\mathrm{sign}(\tau^{sc}) = \mathrm{sign}(-(2\theta(\alpha_1+3)(4+\beta)\beta^3 + \beta^2\delta_3 + 2\beta\delta_4 + \delta_5))$。如图 2-2 所示。令 $\tau^{cc} = 0$ 可求得 $\theta = g_2(\beta)$。当 $\theta < g_2(\beta)$ 时，有 $2\theta(\alpha_1+3)(4+\beta)\beta^3 + \beta^2\delta_3 + 2\beta\delta_4 + \delta_5 < 0$ 成立，从而有 $\tau^{cc} > 0$ 成立；反之，当 $\theta > g_2(\beta)$ 时，有 $2\theta(\alpha_1+3)(4+\beta)\beta^3 + \beta^2\delta_3 + 2\beta\delta_4 + \delta_5 > 0$ 成立，从而有 $\tau^{cc} < 0$ 成立。

结合图 2-1~图 2-3，可知 $0 < \beta, \theta < 1$ 时，有 $g_2(\beta) < g_1(\beta)$，即综合制造商选择不合作策略、半合作策略和完全合作策略的模型，当 $\theta < g_2(\beta)$ 时，这三个模型的均衡解均大于 0，即都有内点解。

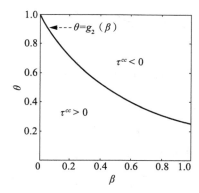

图 2-2 完全合作模型下
生产型碳税税率为正的条件

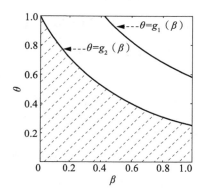

图 2-3 各模型中的生产型
碳税税率均为正的条件

第三节　减排研发策略选择的效果分析

一、减排研发水平比较

根据(2-14)式、(2-24)式和(2-36)式，可以比较政府实施生产型碳税政策下制造商选择不合作策略、半合作策略与完全合作策略时制造商的研发水平，结果如下：

$$
\begin{cases}
x_m^{sc}-x_m^{nc}=\alpha_1(2\alpha_1-1)(4\beta^7\theta^2\alpha_1^5\varphi_1+2\beta^6\theta\alpha_1^4\varphi_2+\beta^5\theta\alpha_1^2\varphi_3+\beta^4\varphi_4+\beta^3\varphi_5 \\
\qquad +\beta^2\varphi_6+\beta\varphi_7-3\theta\alpha_1^2\varphi_8)/(\Delta_1\Delta_2) \\
x_m^{cc}-x_m^{nc}=(8\beta^7\theta^2\alpha_1^4\varphi_9+4\beta^6\theta^2\alpha_1^2\varphi_{10}+2\beta^5\varphi_{11}+2\beta^4\varphi_{12}+\beta^3\varphi_{13}+\beta^2\varphi_{14} \\
\qquad +\beta\varphi_{15}-3\varphi_{16})/(\Delta_1\Delta_3) \\
x_m^{cc}-x_m^{sc}=-(1+\beta)(2\beta^2+4\beta+3)\varphi_{17}(2\beta^4\varphi_{18}+8\beta^3\varphi_{19}+\beta^2\varphi_{20}+2\beta\varphi_{21} \\
\qquad +\varphi_{22})/(\Delta_2\Delta_3)
\end{cases}
\tag{2-42}
$$

其中，$\varphi_1,\varphi_2,\cdots,\varphi_{22}$ 的表达式较为复杂，有兴趣的读者可向作者索取。根据(2-42)式，易证明：对任意 $0<\beta$，$\theta<1$ 有 $\mathrm{sign}(x_m^{sc}-x_m^{nc})=\mathrm{sign}(4\beta^7\theta^2\alpha_1^5\varphi_1+2\beta^6\theta\alpha_1^4\varphi_2+\beta^5\theta\alpha_1^2\varphi_3+\beta^4\varphi_4+\beta^3\varphi_5+\beta^2\varphi_6+\beta\varphi_7-3\theta\alpha_1^2\varphi_8)$，$\mathrm{sign}(x_m^{cc}-x_m^{nc})=\mathrm{sign}(8\beta^7\theta^2\alpha_1^4\varphi_9+4\beta^6\theta^2\alpha_1^2\varphi_{10}+2\beta^5\varphi_{11}+2\beta^4\varphi_{12}+\beta^3\varphi_{13}+\beta^2\varphi_{14}+\beta\varphi_{15}-3\varphi_{16})$ $\mathrm{sign}(x_m^{cc}-x_m^{sc})=\mathrm{sign}(-(2\beta^4\varphi_{18}+8\beta^3\varphi_{19}+\beta^2\varphi_{20}+2\beta\varphi_{21}+\varphi_{22}))$。并且，恒有 $8\beta^7\theta^2\alpha_1^4\varphi_9+4\beta^6\theta^2\alpha_1^2\varphi_{10}+2\beta^5\varphi_{11}+2\beta^4\varphi_{12}+\beta^3\varphi_{13}+\beta^2\varphi_{14}+\beta\varphi_{15}-3\varphi_{16}<0$ 以及 $2\beta^4\varphi_{18}+8\beta^3\varphi_{19}+\beta^2\varphi_{20}+2\beta\varphi_{21}+\varphi_{22}>0$，即恒有 $x_m^{cc}<x_m^{nc}$，$x_m^{cc}<x_m^{sc}$。也就是说，与制造商选择不合作策略或半合作策略相比，制造商选择完全合作策略均会降低制造商的减排研发水平。令 $x_m^{sc}=x_m^{nc}$，有 $\theta=h(\beta)$。

结合上述三个模型均有内点解的条件（$\theta<g_2(\beta)$），如图 2-4 所示，当 $h(\beta)<\theta<g_2(\beta)$ 时，有 $x_m^{sc}<x_m^{nc}$，即与制造商选择不合作策略相比，制造商选择半合作策略会降低制造商的减排研发水平；当 $0<\theta<\min(h(\beta),g_2(\beta))$

时，有 $x_m^{sc} > x_m^{nc}$，即与制造商选择不合作策略相比，制造商选择半合作策略会提高制造商的减排研发水平。因此，根据制造商选择不合作策略、半合作策略与完全合作策略时制造商的研发水平比较，可以有如下命题：

命题 1　当 $\theta < g_2(\beta)$ 时，若 $h(\beta) < \theta < g_2(\beta)$，有 $x_m^{cc} < x_m^{sc} < x_m^{nc}$；若 $0 < \theta < \min(h(\beta), g_2(\beta))$ 时，有 $x_m^{cc} < x_m^{nc} < x_m^{sc}$。

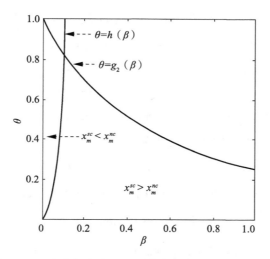

图 2-4　不合作与半合作下制造商的减排研发水平比较

命题 1 意味着，如果政府实施生产型碳税政策，制造商选择同时进行减排研发合作和定价合作下制造商的减排研发水平最低，制造商选择不进行减排研发合作与制造商仅进行减排研发合作下制造商的减排研发水平不分伯仲。具体而言，若消费者对低碳产品的偏好程度和减排研发成果的溢出率之间能满足 $h(\beta) < \theta < g_2(\beta)$，与制造商选择不进行减排研发合作相比，制造商选择仅进行减排研发合作以及选择同时进行减排研发合作和定价合作均会降低制造商的减排研发水平，而且制造商选择同时进行减排研发合作和定价合作会使制造商的减排研发水平降至最低。若消费者对低碳产品的偏好程度和减排研发成果的溢出率之间能满足 $0 < \theta < \min(h(\beta), g_2(\beta))$，与制造商选择不进行减排研发合作相比，制造商选择仅进行减排研发合作会提高制造商的减排研发水平，而制造商选择同时进行减排研发合作和定

价合作会降低制造商的减排研发水平。相比较而言，$h(\beta)<\theta<g_2(\beta)$ 所占的面积小于 $0<\theta<\min(h(\beta),g_2(\beta))$ 所占的面积，即制造商选择仅进行减排研发合作有较大可能性使制造商的减排研发达到最高水平。

二、净碳排放量比较

记制造商选择不合作策略下制造商 m 的净碳排放量为 $e_m^{nc}=q_m^{nc}-x_m^{nc}-\beta x_n^{nc}$，选择半合作策略下制造商 m 的净碳排放量为 $e_m^{sc}=q_m^{sc}-x_m^{sc}-\beta x_n^{sc}$，选择完全合作策略下制造商 m 的净碳排放量为 $e_m^{cc}=q_m^{cc}-x_m^{cc}-\beta x_n^{cc}$。根据（2-14）式、（2-16）式、（2-24）式、（2-26）式、（2-36）式和（2-38）式，可以比较政府实施生产型碳税政策下制造商选择不合作策略、半合作策略与完全合作策略时制造商的净碳排放量，结果如下：

$$
\begin{cases}
e_m^{sc}-e_m^{nc}=-\alpha_1(2\alpha_1-1)(8\beta^8\theta^3\alpha_1^4\varphi_1+4\beta^7\theta^2\alpha_1^2\varphi_2+2\beta^6\theta\alpha_1^2\varphi_3+\beta^5\varphi_4+ \\
\qquad\qquad \beta^4\varphi_5+2\beta^3\varphi_6+\beta^2\varphi_7+\beta\varphi_8-12\theta\alpha_1^2\varphi_9)/(\Delta_1\Delta_2) \\
e_m^{cc}-e_m^{nc}=-(16\beta^8\theta^3\alpha_1^4\varphi_{10}+16\beta^7\theta^2\alpha_1^2\varphi_{11}+4\beta^6\theta\varphi_{12}+2\beta^5\varphi_{13}+ \\
\qquad\qquad 2\beta^4\varphi_{14}+\beta^3\varphi_{15}+\beta^2\varphi_{16}+\beta\varphi_{17}-3\varphi_{18})/(2\Delta_1\Delta_3) \\
e_m^{cc}-e_m^{sc}=(1+\beta)^2(2\beta^2+4\beta+3)(\beta^2\theta+2\beta\theta+\theta-1)\varphi_{19}\cdot \\
\qquad\qquad (2\beta^2\varphi_{20}+4\beta\varphi_{21}+\varphi_{22})/(2\Delta_2\Delta_3)
\end{cases}
\qquad (2-43)
$$

其中，$\varphi_1,\varphi_2,\cdots,\varphi_{22}$ 的表达式较为复杂，有兴趣的读者可向作者索取。根据（2-43）式，易证明：对任意 $\theta<g_2(\beta)$ 有 $\mathrm{sign}(e_m^{sc}-e_m^{nc})=\mathrm{sign}(-(8\beta^8\theta^3\alpha_1^4\varphi_1+4\beta^7\theta^2\alpha_1^2\varphi_2+2\beta^6\theta\alpha_1^2\varphi_3+\beta^5\varphi_4+\beta^4\varphi_5+2\beta^3\varphi_6+\beta^2\varphi_7+\beta\varphi_8-12\theta\alpha_1^2\varphi_9))$，$\mathrm{sign}(e_m^{cc}-e_m^{nc})=\mathrm{sign}(-(16\beta^8\theta^3\alpha_1^4\varphi_{10}+16\beta^7\theta^2\alpha_1^2\varphi_{11}+4\beta^6\theta\varphi_{12}+2\beta^5\varphi_{13}+2\beta^4\varphi_{14}+\beta^3\varphi_{15}+\beta^2\varphi_{16}+\beta\varphi_{17}-3\varphi_{18}))$ $\mathrm{sign}(e_m^{cc}-e_m^{sc})=\mathrm{sign}(\beta^2\theta+2\beta\theta+\theta-1)$。而且，$8\beta^8\theta^3\alpha_1^4\varphi_1+4\beta^7\theta^2\alpha_1^2\varphi_2+2\beta^6\theta\alpha_1^2\varphi_3+\beta^5\varphi_4+\beta^4\varphi_5+2\beta^3\varphi_6+\beta^2\varphi_7+\beta\varphi_8-12\theta\alpha_1^2\varphi_9>0$ 恒成立，即恒有 $e_m^{sc}<e_m^{nc}$，$e_m^{cc}<e_m^{nc}$，$e_m^{cc}<e_m^{sc}$。也就是说，与制造商选择不进行减排研发合作相比，制造商选择仅进行减排研发合作可以降低制造商的净碳排放量，制造商选择同时进行减排研发合作和定价合作也会降低制造商的净碳排放量；与制造商选择仅进行减排研发合作相比，制造商选择同时进

行减排研发合作和定价合作仍可降低制造商的净碳排放量。因此，根据制造商选择不合作策略、半合作策略与完全合作策略时制造商的净碳排放量比较，可以有如下命题：

命题 2　当 $\theta < g_2(\beta)$ 时，恒有 $e_m^{cc} < e_m^{sc} < e_m^{nc}$。

命题 2 意味着，如果政府实施生产型碳税政策，较之于制造商选择不进行减排研发合作，制造商选择仅进行减排研发合作以及制造商同时进行减排研发合作和定价合作均可以降低制造商的净碳排放量，而且，制造商同时进行减排研发合作和定价合作可以最大程度降低制造商的净碳排放量。也就是说，制造商选择同时进行减排研发合作时制造商的净碳排放量最少，制造商选择不进行减排研发合作时制造商的净碳排放量最多，制造商选择仅进行减排研发合作时制造商的净碳排放量介于两者之间。

三、企业利润比较

（一）制造商的利润比较

根据 (2-18) 式、(2-28) 式和 (2-40) 式，可以比较政府实施生产型碳税政策下制造商选择不合作策略、半合作策略与完全合作策略时制造商的利润，结果如下：

$$
\begin{cases}
\begin{aligned}
\pi_m^{sc} - \pi_m^{nc} = & -\alpha_1^2(2\alpha_1-1)(64\beta^{16}\theta^5\alpha_1^7\eta_1 + 16\beta^{15}\theta^3\alpha_1^5\eta_2 + 8\beta^{14}\theta^2\alpha_1^3\eta_3 + 4\beta^{13}\theta\eta_4 + \\
& 2\beta^{12}\theta\eta_5 + 2\beta^{11}\eta_6 + \beta^{10}\eta_7 + 2\beta^9\eta_8 + \beta^8\eta_9 + 4\beta^7\eta_{10} + \beta^6\eta_{11} + \\
& \beta^5\eta_{12} + \beta^4\eta_{13} + 2\beta^3\eta_{14} + \beta^2\eta_{15} + 2\beta\eta_{16} - 3\theta\eta_{17}) / (2\Delta_1^2\Delta_2^2)
\end{aligned} \\[4pt]
\begin{aligned}
\pi_m^{cc} - \pi_m^{nc} = & -(256\beta^{16}\theta^4\alpha_1^8\lambda_1 + 64\beta^{15}\theta^4\alpha_1^6\lambda_2 + 32\beta^{14}\theta^2\alpha_1^4\lambda_3 + 16\beta^{13}\theta^2\alpha_1^2\lambda_4 + \\
& 8\beta^{12}\lambda_5 + 8\beta^{11}\lambda_6 + 4\beta^{10}\lambda_7 + 4\beta^9\lambda_8 + 2\beta^8\lambda_9 + 2\beta^7\lambda_{10} + \beta^6\lambda_{11} + \\
& 2\beta^5\lambda_{12} + \beta^4\lambda_{13} + 2\beta^3\lambda_{14} + \beta^2\lambda_{15} + 2\beta\lambda_{16} - 3\lambda_{17}) / (2\Delta_1^2\Delta_3^2)
\end{aligned} \\[4pt]
\begin{aligned}
\pi_m^{cc} - \pi_m^{sc} = & -(2\beta^2 + 4\beta + 3)(8\beta^{14}\theta^2\alpha_1^3\nu_1 + 112\beta^{13}\theta\nu_2 + 4\beta^{12}\theta\nu_3 + 16\beta^{11}\nu_4 + \\
& \beta^{10}\nu_5 + 4\beta^9\nu_6 + \beta^8\nu_7 + 4\beta^7\nu_8 + \beta^6\nu_9 + 2\beta^5\nu_{10} + \beta^4\nu_{11} + 4\beta^3\nu_{12} + \\
& \beta^2\nu_{13} + 2\beta\nu_{14} + \nu_{15}) / (2\Delta_2^2\Delta_3^2)
\end{aligned}
\end{cases}
$$

$$(2-44)$$

其中，$\eta_1, \eta_2, \cdots, \eta_{17}, \lambda_1, \lambda_2, \cdots, \lambda_{17}, \nu_1, \nu_2, \cdots, \nu_{15}$ 的表达式较为复杂，有兴趣的读者可向作者索取。根据（2-44）式，容易证明：对于任意 $\theta < g_2(\beta)$，恒有 $\text{sign}(\pi_m^{sc} - \pi_m^{nc}) = \text{sign}(-(64\beta^{16}\theta^5\alpha_1^7\eta_1 + 16\beta^{15}\theta^3\alpha_1^5\eta_2 + 8\beta^{14}\theta^2\alpha_1^3\eta_3 + 4\beta^{13}\theta\eta_4 + 2\beta^{12}\theta\eta_5 + 2\beta^{11}\eta_6 + \beta^{10}\eta_7 + 2\beta^9\eta_8 + \beta^8\eta_9 + 4\beta^7\eta_{10} + \beta^6\eta_{11} + 2\beta^5\eta_{12} + \beta^4\eta_{13} + 2\beta^3\eta_{14} + \beta^2\eta_{15} + 2\beta\eta_{16} - 3\theta\eta_{17}))$，$\text{sign}(\pi_m^{cc} - \pi_m^{nc}) = \text{sign}(-(256\beta^{16} \cdot \theta^4\alpha_1^8\lambda_1 + 64\beta^{15}\theta^4\alpha_1^6\lambda_2 + 32\beta^{14}\theta^2\alpha_1^4\lambda_3 + 16\beta^{13}\theta^2\alpha_1^2\lambda_4 + 8\beta^{12}\lambda_5 + 8\beta^{11}\lambda_6 + 4\beta^{10}\lambda_7 + 4\beta^9\lambda_8 + 2\beta^8\lambda_9 + 2\beta^7\lambda_{10} + \beta^6\lambda_{11} + 2\beta^5\lambda_{12} + \beta^4\lambda_{13} + 2\beta^3\lambda_{14} + \beta^2\lambda_{15} + 2\beta\lambda_{16} - 3\lambda_{17}))$，$\text{sign}(\pi_m^{cc} - \pi_m^{sc}) = \text{sign}(-(8\beta^{14}\theta^2\alpha_1^3\nu_1 + 112\beta^{13}\theta\nu_2 + 4\beta^{12}\theta\nu_3 + 16\beta^{11}\nu_4 + 2\beta^{10}\nu_5 + 4\beta^9\nu_6 + \beta^8\nu_7 + 4\beta^7\nu_8 + \beta^6\nu_9 + 2\beta^5\nu_{10} + \beta^4\nu_{11} + 4\beta^3\nu_{12} + \beta^2\nu_{13} + 2\beta\nu_{14} + \nu_{15}))$。而且，$\pi_m^{cc} > \pi_m^{nc}$，$\pi_m^{cc} > \pi_m^{sc}$ 恒成立，即与制造商不进行减排研发合作相比，制造商同时进行减排研发合作和定价合作可以增加制造商的利润，与制造商仅进行减排研发合作相比，制造商同时进行减排研发合作和定价合作也可以增加制造商的利润。令 $\pi_m^{sc} = \pi_m^{nc}$，可以求得 $\theta = \rho_1(\beta)$。

结合上述三个模型均有内点解的条件（$\theta < g_2(\beta)$），如图 2-5 所示。当 $\rho_1(\beta) < \theta < g_2(\beta)$ 时，有 $\pi_m^{sc} > \pi_m^{nc}$，即与制造商不进行减排研发合作相比，制造商仅进行减排研发合作可以增加制造商的利润；当 $0 < \theta < \min(\rho_1(\beta), g_2(\beta))$ 时，有 $\pi_m^{sc} < \pi_m^{nc}$，即与制造商不进行减排研发合作相比，制造商仅进行减排研发合作会减少制造商的利润。因此，根据制造商选择不合作策略、半合作策略与完全合作策略时制造商的利润比较，可以有如下命题：

命题 3　当 $\theta < g_2(\beta)$ 时，若 $\rho_1(\beta) < \theta < g_2(\beta)$，有 $\pi_m^{cc} > \pi_m^{sc} > \pi_m^{nc}$；若 $0 < \theta < \min(\rho_1(\beta), g_2(\beta))$，有 $\pi_m^{cc} > \pi_m^{nc} > \pi_m^{sc}$。

命题 3 意味着，如果政府实施生产型碳税政策，制造商选择同时进行减排研发合作和定价合作下制造商可以获得最多利润，制造商选择不进行减排研发合作与制造商仅进行减排研发合作下制造商获得的利润不分上下。具体而言，若消费者对低碳产品的偏好程度和减排研发成果的溢出率之间能满足 $\rho_1(\beta) < \theta < g_2(\beta)$，与制造商选择不进行减排研发合作相比，制造商选择仅进行减排研发合作以及选择同时进行减排研发合作和定价合作

均会增加制造商的利润，而且制造商选择同时进行减排研发合作和定价合作可以最大程度增加制造商的利润。若消费者对低碳产品的偏好程度和减排研发成果的溢出率之间能满足 $0<\theta<\min(\rho(\beta)，g_2(\beta))$，与制造商选择不进行减排研发合作相比，制造商选择仅进行减排研发合作会减少制造商的利润，而制造商选择同时进行减排研发合作和定价合作会增加制造商的利润。相比较而言，$\rho_1(\beta)<\theta<g_2(\beta)$ 所占的面积小于 $0<\theta<\min(\rho_1(\beta)，g_2(\beta))$ 所占的面积，即制造商选择同时进行减排研发合作和定价合作总是可以使制造商获得最多利润，制造商选择仅进行减排研发合作下制造商的利润高于制造商选择不进行减排研发合作下制造商的利润的可能性较小。

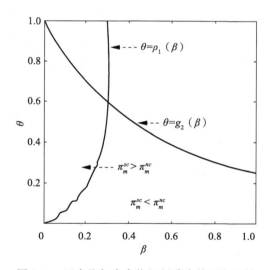

图 2-5　不合作与半合作下制造商的利润比较

（二）零售商的利润比较

根据(2-19)式、(2-29)式和(2-41)式，可以比较政府实施生产型碳税政策下制造商选择不合作策略、半合作策略与完全合作策略时零售商的利润，结果如下：

$$
\begin{cases}
\pi_r^{sc} - \pi_r^{nc} = \alpha_1^3(\alpha_1+1)(2\alpha_1-1)^2(8\beta^8\theta^2\alpha_1^3\upsilon_1+16\beta^7\theta\upsilon_2+4\beta^6\theta\upsilon_3+\beta^5\upsilon_4+\beta^4\upsilon_5+ \\
\qquad 2\beta^3\upsilon_6+\beta^2\upsilon_7+\beta\upsilon_8-18\theta\upsilon_9)(8\beta^8\theta^2\alpha_1^4\upsilon_1-8\beta^7\alpha_1^2\theta\upsilon_{10}-4\beta^6\upsilon_{11}+ \\
\qquad \beta^5\upsilon_{12}+\beta^4\upsilon_{13}+2\beta^3\upsilon_{14}+\beta^2\upsilon_{15}+\beta\upsilon_{16}+6\upsilon_{17})/(2\Delta_1^2\Delta_2^2) \\
\pi_r^{cc} - \pi_r^{nc} = (\alpha_1+1)\big[32(\alpha_1+3)\beta^8\theta^2\alpha_1^4+8\beta^7\theta^2\alpha_1^2\zeta_1+4\beta^6\zeta_2-2\beta^5\zeta_3-2\beta^4\zeta_4- \\
\qquad \beta^3\zeta_5-\beta^2\zeta_6-\beta\zeta_7-9\zeta_8\big]\big[32(\alpha_1+3)\beta^8\theta^2\alpha_1^4-8\theta\alpha_1^2\beta^7\zeta_9-4\beta^6\zeta_{10}+ \\
\qquad \beta^5\zeta_{11}+\beta^4\zeta_{12}+\beta^3\zeta_{13}+\beta^2\zeta_{14}+\beta\zeta_{15}+3\zeta_{16}\big]/(2\Delta_1^2\Delta_3^2) \\
\pi_r^{cc} - \pi_r^{sc} = (1+\beta)^2(2\beta^2+4\beta+3)^3(\alpha_1+1)\sigma_1(\beta^2\sigma_2+2\beta\sigma_3+\sigma_4)(2\beta^6\sigma_5+ \\
\qquad 12\beta^5\sigma_6+\beta^4\sigma_7+4\beta^3\sigma_8+\beta^2\sigma_9+\beta\sigma_{10}+\sigma_{11})/(2\Delta_2^2\Delta_3^2)
\end{cases}
$$

$$(2-45)$$

其中，$\upsilon_1,\upsilon_2,\cdots,\upsilon_{17},\zeta_1,\zeta_2,\cdots,\zeta_{16},\sigma_1,\sigma_2,\cdots,\sigma_{11}$ 的表达式较为复杂，有兴趣的读者可向作者索取。根据（2-45）式，容易证明：对于任意 $\theta<g_2(\beta)$ 有 $\mathrm{sign}(\pi_r^{sc}-\pi_r^{nc})=\mathrm{sign}((8\beta^8\theta^2\alpha_1^3\upsilon_1+16\beta^7\theta\upsilon_2+4\beta^6\theta\upsilon_3+\beta^5\upsilon_4+\beta^4\upsilon_5+2\beta^3\upsilon_6+\beta^2\upsilon_7+\beta\upsilon_8-18\upsilon_9)(8\beta^8\theta^2\alpha_1^4\upsilon_1-8\beta^7\alpha_1^2\theta\upsilon_{10}-4\beta^6\upsilon_{11}+\beta^5\upsilon_{12}+\beta^4\upsilon_{13}+2\beta^3\upsilon_{14}+\beta^2\upsilon_{15}+\beta\upsilon_{16}+6\upsilon_{17}))$，$\mathrm{sign}(\pi_r^{cc}-\pi_r^{nc})=\mathrm{sign}(((32(\alpha_1+3)\beta^8\theta^2\alpha_1^4+8\beta^7\cdot\theta^2\alpha_1^2\zeta_1+4\beta^6\zeta_2-2\beta^5\zeta_3-2\beta^4\zeta_4-\beta^3\zeta_5-\beta^2\zeta_6-\beta\zeta_7-9\zeta_8)(32(\alpha_1+3)\beta^8\theta^2\alpha_1^4-8\theta\alpha_1^2\beta^7\zeta_9-4\beta^6\zeta_{10}+\beta^5\zeta_{11}+\beta^4\zeta_{12}+\beta^3\zeta_{13}+\beta^2\zeta_{14}+\beta\zeta_{15}+3\zeta_{16})))$，$\mathrm{sign}(\pi_r^{cc}-\pi_r^{sc})=\mathrm{sign}(2\beta^6\sigma_5+12\cdot12\beta^5\sigma_6+\beta^4\sigma_7+4\beta^3\sigma_8+\beta^2\sigma_9+\beta\sigma_{10}+\sigma_{11})$。而且，$32(\alpha_1+3)\beta^8\theta^2\alpha_1^4+8\beta^7\theta^2\alpha_1^2\zeta_1+4\beta^6\zeta_2-2\beta^5\zeta_3-2\beta^4\zeta_4-\beta^3\zeta_5-\beta^2\zeta_6-\beta\zeta_7-9\zeta_8<0$，$32(\alpha_1+3)\beta^8\theta^2\alpha_1^4-8\theta\alpha_1^2\beta^7\zeta_9-4\beta^6\zeta_{10}+\beta^5\zeta_{11}+\beta^4\zeta_{12}+\beta^3\zeta_{13}+\beta^2\zeta_{14}+\beta\zeta_{15}+3\zeta_{16}>0$ 恒成立，即有 $\pi_r^{cc}<\pi_r^{nc}$。这就是说，与制造商不进行减排研发合作相比，制造商同时进行减排研发合作和定价合作总是会减少零售商的利润。此外，$\beta^2\sigma_2+2\beta\sigma_3+\sigma_4>0$，$2\beta^6\sigma_5+12\beta^5\sigma_6+\beta^4\sigma_7+4\beta^3\sigma_8+\beta^2\sigma_9+\beta\sigma_{10}+\sigma_{11}<0$ 恒成立，即有 $\pi_r^{cc}<\pi_r^{sc}$。这就是说，与制造商仅进行减排研发合作相比，制造商同时进行减排研发合作和定价合作总是会减少零售商的利润。令 $\pi_r^{sc}=\pi_r^{nc}$，可求得 $\theta=\rho_2(\beta)$。

结合上述三个模型均有内点解的条件（$\theta<g_2(\beta)$），如图2-6所示，当 $\rho_2(\beta)<\theta<g_2(\beta)$ 时，有 $\pi_r^{sc}<\pi_r^{nc}$，即与制造商不进行减排研发合作相

比，制造商仅进行减排研发合作会减少零售商的利润；当 $0<\theta<\min(\rho_2(\beta)$，$g_2(\beta))$ 时，有 $\pi_r^{sc}>\pi_r^{nc}$，即与制造商不进行减排研发合作相比，制造商仅进行减排研发合作会增加零售商的利润。因此，根据制造商选择不合作策略、半合作策略与完全合作策略时零售商的利润比较，可以有如下命题：

命题 4 当 $\theta<g_2(\beta)$ 时，若 $\rho_2(\beta)<\theta<g_2(\beta)$，有 $\pi_r^{cc}<\pi_r^{sc}<\pi_r^{nc}$；若 $0<\theta<\min(\rho_2(\beta)$，$g_2(\beta))$，有 $\pi_r^{cc}<\pi_r^{nc}<\pi_r^{sc}$。

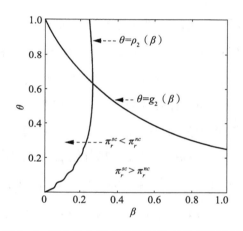

图 2-6 不合作与半合作下零售商的利润比较

命题 4 意味着，如果政府实施生产型碳税政策，制造商选择同时进行减排研发合作和定价合作下零售商的利润是最低的，制造商选择不进行减排研发合作与制造商仅进行减排研发合作下零售商的利润不分上下。具体而言，若消费者对低碳产品的偏好程度和减排研发成果的溢出率之间能满足 $\rho_2(\beta)<\theta<g_2(\beta)$，与制造商选择不进行减排研发合作相比，制造商选择仅进行减排研发合作以及选择同时进行减排研发合作和定价合作均会减少零售商的利润，而且制造商选择同时进行减排研发合作和定价合作会最大程度减少零售商的利润。若消费者对低碳产品的偏好程度和减排研发成果的溢出率之间能满足 $0<\theta<\min(\rho_2(\beta)$，$g_2(\beta))$，与制造商选择不进行减排研发合作相比，制造商选择仅进行减排研发合作会增

加零售商的利润，而制造商选择同时进行减排研发合作和定价合作会减少零售商的利润。相对而言，$\rho_2(\beta) < \theta < g_2(\beta)$ 所占的面积小于 $0 < \theta < \min(\rho_2(\beta), g_2(\beta))$ 所占的面积，即制造商选择同时进行减排研发合作和定价合作总是会减少零售商的利润，制造商选择仅进行减排研发合作下零售商的利润高于制造商选择不进行减排研发合作下零售商的利润的可能性较大。

（三）供应链的利润比较

记制造商选择不合作策略下供应链的利润为 $\pi^{nc} = \pi_1^{nc} + \pi_2^{nc} + \pi_r^{nc}$，选择半合作策略下供应链的利润为 $\pi^{sc} = \pi_1^{sc} + \pi_2^{sc} + \pi_r^{sc}$，选择完全合作策略下供应链的利润为 $\pi^{cc} = \pi_1^{cc} + \pi_2^{cc} + \pi_r^{cc}$。根据(2-18)式、(2-19)式、(2-28)式、(2-29)式、(2-40)式和(2-41)式，可以比较政府实施生产型碳税政策下制造商选择不合作策略、半合作策略与完全合作策略时供应链的利润，结果如下：

$$
\begin{cases}
\pi^{sc} - \pi^{nc} = -\alpha_1^2(2\alpha_1-1)(64\beta^{16}\theta^4\alpha_1^7\mu_1 + 32\beta^{15}\theta^3\alpha_1^5\mu_2 + 16\beta^{14}\theta^2\alpha_1^3\mu_3 + 8\beta^{13}\theta^2\mu_4 + \\
\qquad 4\beta^{12}\theta\mu_5 + 4\beta^{11}\theta\mu_6 + \beta^{10}\mu_7 + 2\beta^9\mu_8 + \beta^8\mu_9 + 4\beta^7\mu_{10} + 2\beta^6\mu_{11} + \\
\qquad 4\beta^5\mu_{12} + \beta^4\mu_{13} + 4\beta^3\mu_{14} + \beta^2\mu_{15} + 2\beta\mu_{16} - 6\theta\mu_{17})/(2\Delta_1^2\Delta_2^2) \\[2mm]
\pi^{cc} - \pi^{nc} = -(512\beta^{16}\theta^4\alpha_1^8\xi_1 + 128\beta^{15}\theta^3\alpha_1^6\xi_2 + 64\beta^{14}\theta^2\alpha_1^4\xi_3 + 32\beta^{13}\theta\alpha_1^2\xi_4 + \\
\qquad 16\beta^{12}\xi_5 + 16\beta^{11}\xi_6 + 4\beta^{10}\xi_7 + 8\beta^9\xi_8 + 4\beta^8\xi_9 + 4\beta^7\xi_{10} + \beta^6\xi_{11} + \\
\qquad 2\beta^5\xi_{12} + \beta^4\xi_{13} + 4\beta^3\xi_{14} + \beta^2\xi_{15} + 2\beta\xi_{16} + 3\xi_{17})/(2\Delta_1^2\Delta_3^2) \\[2mm]
\pi^{cc} - \pi^{sc} = -(2\beta^2 + 4\beta + 3)(8\beta^{14}\zeta_1 + 112\beta^{13}\zeta_2 + 4\beta^{12}\zeta_3 + 16\beta^{11}\zeta_4 + 2\beta^{10}\zeta_5 + \\
\qquad 4\beta^9\zeta_6 + \beta^8\zeta_7 + 8\beta^7\zeta_8 + 2\beta^6\zeta_9 + 4\beta^5\zeta_{10} + \beta^4\zeta_{11} + 4\beta^3\zeta_{12} + \\
\qquad 2\beta^2\zeta_{13} + 4\beta\zeta_{14} + \zeta_{15})/(2\Delta_2^2\Delta_3^2)
\end{cases}
$$

$$(2-46)$$

其中，$\mu_1, \mu_2, \cdots, \mu_{17}, \xi_1, \xi_2, \cdots, \xi_{17}, \zeta_1, \zeta_2, \cdots, \zeta_{15}$ 的表达式较为复杂，有兴趣的读者可向作者索取。根据(2-46)式，容易证明：对于任意 $\theta < g_2(\beta)$ 有 $\mathrm{sign}(\pi^{sc} - \pi^{nc}) = \mathrm{sign}(-(64\beta^{16}\theta^4\alpha_1^7\mu_1 + +32\beta^{15}\theta^3\alpha_1^5\mu_2 + 16\beta^{14}\theta^2\alpha_1^3\mu_3 + 8\beta^{13}\theta^2\mu_4 +$

$4\beta^{12}\theta\mu_5+4\beta^{11}\theta\mu_6+\beta^{10}\mu_7+2\beta^9\mu_8+\beta^8\mu_9+4\beta^7\cdot\mu_{10}+2\beta^6\mu_{11}+4\beta^5\mu_{12}+\beta^4\mu_{13}+4\beta^3\mu_{14}+\beta^2\mu_{15}+2\beta\mu_{16}-6\theta\mu_{17}))$，$\mathrm{sign}(\pi^{cc}-\pi^{nc})=\mathrm{sign}(-(512\beta^{16}\theta^4\alpha_1^8\xi_1+128\beta^{15}\theta^3\alpha_1^6\xi_2+64\beta^{14}\theta^2\alpha_1^4\xi_3+32\beta^{13}\theta\alpha_1^2\xi_4+16\beta^{12}\xi_5+16\beta^{11}\xi_6+4\beta^{10}\xi_7+8\beta^9\xi_8+4\beta^8\xi_9+4\beta^7\xi_{10}+\beta^6\xi_{11}))$，$\mathrm{sign}(\pi^{cc}-\pi^{sc})=\mathrm{sign}(-(2\beta^2+4\beta+3)(8\beta^{14}\zeta_1+112\beta^{13}\zeta_2+4\beta^{12}\zeta_3+16\beta^{11}\zeta_4+2\beta^{10}\zeta_5+4\beta^9\zeta_6+\beta^8\zeta_7+8\beta^7\zeta_8+2\beta^6\zeta_9+4\beta^5\zeta_{10}+\beta^4\zeta_{11}+4\beta^3\zeta_{12}++2\beta^2\zeta_{13}+4\beta\zeta_{14}+\zeta_{15}))$。并且，$512\beta^{16}\theta^4\alpha_1^8\xi_1+128\beta^{15}\theta^3\alpha_1^6\xi_2+64\beta^{14}\theta^2\alpha_1^4\xi_3+32\beta^{13}\theta\alpha_1^2\xi_4+16\beta^{12}\xi_5+16\beta^{11}\xi_6+4\beta^{10}\xi_7++8\beta^9\xi_8+4\beta^8\xi_9+4\beta^7\xi_{10}+\beta^6\xi_{11}+2\beta^5\xi_{12}+\beta^4\xi_{13}+4\beta^3\xi_{14}+\beta^2\xi_{15}+2\beta\xi_{16}+3\xi_{17}>0$，$8\beta^{14}\zeta_1+112\beta^{13}\zeta_2+4\beta^{12}\zeta_3+16\beta^{11}\zeta_4+2\beta^{10}\zeta_5+4\beta^9\zeta_6+\beta^8\zeta_7+8\cdot\beta^7\zeta_8+2\beta^6\zeta_9+4\beta^5\zeta_{10}+\beta^4\zeta_{11}+4\beta^3\zeta_{12}+2\beta^2\zeta_{13}+4\beta\zeta_{14}+\zeta_{15}>0$。因此，恒有 $\pi^{cc}<\pi^{nc}$ 和 $\pi^{cc}<\pi^{sc}$。

也就是说，与制造商不进行减排研发合作相比，制造商同时进行减排研发合作和定价合作会减少供应链的利润，与制造商仅进行减排研发合作相比，制造商同时进行减排研发合作和定价合作也会减少供应链的利润。

令 $\pi^{sc}=\pi^{nc}$，可以求得 $\theta=\rho_3(\beta)$。结合上述三个模型均有内点解的条件（$\theta<g_2(\beta)$），如图 2-7 所示，当 $\rho_3(\beta)<\theta<g_2(\beta)$ 时，有 $\pi^{sc}<\pi^{nc}$，即与制造不进行减排研发合作相比，制造商仅进行减排研发合作会减少供应链的利润。当 $0<\theta<\min(\rho_3(\beta),g_2(\beta))$ 时，有 $\pi^{sc}>\pi^{nc}$，即与制造不进行减排研发合作相比，制造商仅进行减排研发合作会增加供应链的利润。因此，根据制造商选择不合作策略、半合作策略与完全合作策略时供应链的利润比较，可以有如下命题：

命题 5 当 $\theta<g_2(\beta)$ 时，若 $\rho_3(\beta)<\theta<g_2(\beta)$，有 $\pi^{cc}<\pi^{sc}<\pi^{nc}$；若 $0<\theta<\min(\rho_3(\beta),g_2(\beta))$，有 $\pi^{cc}<\pi^{nc}<\pi^{sc}$。

命题 5 意味着，如果政府实施生产型碳税政策，制造商选择同时进行减排研发合作和定价合作下供应链的利润是最低的，制造商选择不进行减排研发合作与制造商选择仅进行减排研发合作下供应链的利润不分上下。

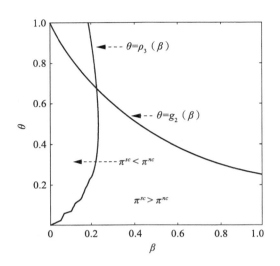

图 2-7 不合作与半合作下供应链的利润比较

具体而言，若消费者对低碳产品的偏好程度和减排研发成果的溢出率之间能满足 $\rho_3(\beta)<\theta<g_2(\beta)$，与制造商选择不进行减排研发合作相比，制造商选择仅进行减排研发合作以及选择同时进行减排研发合作和定价合作均会减少供应链的利润，而且制造商选择同时进行减排研发合作和定价合作会最大程度减少供应链的利润。若消费者对低碳产品的偏好程度和减排研发成果的溢出率之间能满足 $0<\theta<\min(\rho_3(\beta),g_2(\beta))$，与制造商选择不进行减排研发合作相比，制造商选择仅进行减排研发合作会增加供应链的利润，而制造商选择同时进行减排研发合作和定价合作会减少供应链的利润。

相对而言，由于 $\rho_3(\beta)<\theta<g_2(\beta)$ 所占的面积小于 $0<\theta<\min(\rho_3(\beta),g_2(\beta))$ 所占的面积，即制造商选择同时进行减排研发合作和定价合作总是会减少供应链的利润，制造商选择仅进行减排研发合作下供应链的利润高于制造商选择不进行减排研发合作下供应链的利润的可能性较大。

四、综合比较

综合制造商的减排研发水平、净碳排放量和利润、零售商的利润以及供应链的利润的比较，可以发现：对任意 $\theta<g_2(\beta)$，$x_m^{cc}<x_m^{nc}$，$x_m^{cc}<x_m^{sc}$，$e_m^{cc}<e_m^{sc}<e_m^{nc}$，$\pi_m^{cc}>\pi_m^{nc}$，$\pi_m^{cc}>\pi_m^{sc}$，$\pi_r^{cc}<\pi_r^{nc}$ 和 $\pi_r^{cc}<\pi_r^{sc}$，$\pi^{cc}<\pi^{nc}$，$\pi^{cc}<\pi^{sc}$ 恒成立，与制造商选择不进行减排研发合作以及制造商选择仅进行减排研发合作相比，制造商选择同时进行减排研发合作和定价合作会降低制造商的减排研发水平和净碳排放量，减少零售商的利润和供应链的利润，但可以增加制造商的利润。

当 $h(\beta)<\theta<g_2(\beta)$ 时（图2-8 I 区），有 $x_m^{sc}<x_m^{nc}$，$\pi_m^{sc}>\pi_m^{nc}$，$\pi_r^{sc}<\pi_r^{nc}$，$\pi^{sc}<\pi^{nc}$，即较之于制造商选择不进行减排研发合作，制造商选择仅进行减排研发合作会减少制造商的减排研发水平、零售商的利润和供应链的利润，但可以增加制造商的利润。

当 $\rho_3(\beta)<\theta<\min(h(\beta),g_2(\beta))$ 时（图2-8 II 区），有 $x_m^{sc}>x_m^{nc}$，$\pi_m^{sc}>\pi_m^{nc}$，$\pi_r^{sc}<\pi_r^{nc}$，$\pi^{sc}<\pi^{nc}$，即较之于制造商选择不进行减排研发合作，制造商选择仅进行减排研发合作会减少零售商的利润和供应链的利润，但可以增加制造商的减排研发水平和制造商的利润。

当 $\rho_2(\beta)<\theta<\min(\rho_3(\beta),g_2(\beta))$ 时（图2-8 III 区），有 $x_m^{sc}>x_m^{nc}$，$\pi_m^{sc}>\pi_m^{nc}$ 和 $\pi_r^{sc}<\pi_r^{nc}$，$\pi^{sc}>\pi^{nc}$，即较之于制造商选择不进行减排研发合作，制造商选择仅进行减排研发合作会减少零售商的利润，但可以增加制造商的减排研发水平、制造商的利润和供应链的利润。

当 $\rho_1(\beta)<\theta<\min(\rho_2(\beta),g_2(\beta))$ 时（图2-8 IV 区），有 $x_m^{sc}>x_m^{nc}$，$\pi_m^{sc}>\pi_m^{nc}$，$\pi_r^{sc}>\pi_r^{nc}$，$\pi^{sc}>\pi^{nc}$，即较之于制造商选择不进行减排研发合作，制造商选择仅进行减排研发合作可以增加制造商的减排研发水平、制造商的利润、零售商的利润和供应链的利润。

当 $0<\theta<\min(\rho_1(\beta),g_2(\beta))$ 时（图2-8 V 区），有 $x_m^{sc}>x_m^{nc}$，$\pi_m^{sc}<\pi_m^{nc}$，$\pi_r^{sc}>\pi_r^{nc}$，$\pi^{sc}>\pi^{nc}$，即较之于制造商选择不进行减排研发合作，制造商选择仅进行减排研发合作可以增加制造商的减排研发水平、零售商的利润和供应链的利润，但是会减少制造商的利润。

因此，根据制造商选择不合作策略、半合作策略与完全合作策略时制

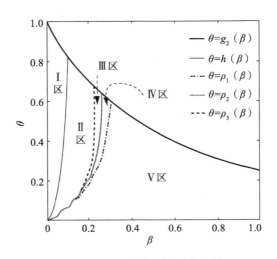

图 2-8　不同策略下的综合比较

造商的减排研发水平、制造商的净碳排放量、制造商的利润、零售商的利润以及供应链的利润比较，可以有如下命题：

命题 6　当 $\theta<g_2(\beta)$ 时，若 $h(\beta)<\theta<g_2(\beta)$，有 $x_m^{cc}<x_m^{sc}<x_m^{nc}$，$e_m^{cc}<e_m^{sc}<e_m^{nc}$，$\pi_m^{cc}>\pi_m^{sc}>\pi_m^{nc}$，$\pi_r^{cc}<\pi_r^{sc}<\pi_r^{nc}$，$\pi^{cc}<\pi^{sc}<\pi^{nc}$；若 $\rho_3(\beta)<\theta<\min(h(\beta),\ g_2(\beta))$，有 $x_m^{cc}<x_m^{nc}<x_m^{sc}$ 和 $e_m^{cc}<e_m^{sc}<e_m^{nc}$，$\pi_m^{cc}>\pi_m^{sc}>\pi_m^{nc}$，$\pi_r^{cc}<\pi_r^{sc}<\pi_r^{nc}$，$\pi^{cc}<\pi^{sc}<\pi^{nc}$；若 $\rho_2(\beta)<\theta<\min(\rho_3(\beta),\ g_2(\beta))$，有 $x_m^{cc}<x_m^{nc}<x_m^{sc}$，$e_m^{cc}<e_m^{sc}<e_m^{nc}$，$\pi_m^{cc}>\pi_m^{sc}>\pi_m^{nc}$，$\pi_r^{cc}<\pi_r^{sc}<\pi_r^{nc}$，$\pi^{cc}<\pi^{nc}<\pi^{sc}$；若 $\rho_1(\beta)<\theta<\min(\rho_2(\beta),\ g_2(\beta))$，有 $x_m^{cc}<x_m^{nc}<x_m^{sc}$，$e_m^{cc}<e_m^{sc}<e_m^{nc}$，$\pi_m^{cc}>\pi_m^{sc}>\pi_m^{nc}$，$\pi_r^{cc}<\pi_r^{nc}<\pi_r^{sc}$，$\pi^{cc}<\pi^{nc}<\pi^{sc}$；若 $0<\theta<\min(\rho_1(\beta),\ g_2(\beta))$，有 $x_m^{cc}<x_m^{nc}<x_m^{sc}$，$e_m^{cc}<e_m^{sc}<e_m^{nc}$，$\pi_m^{cc}>\pi_m^{sc}>\pi_m^{nc}$，$\pi_r^{cc}<\pi_r^{nc}<\pi_r^{sc}$，$\pi^{cc}<\pi^{nc}<\pi^{sc}$。

命题 6 意味着，无论制造商之间如何选择，无法同时提高制造商的自主减排研发水平、制造商的利润、零售商的利润和供应链的利润以及降低制造商的净碳排放量。

当 $h(\beta)<\theta<g_2(\beta)$ 时，制造商选择完全合作策略下制造商的减排研发水平、净碳排放量、零售商的利润以及供应链的利润是最低的，制造商的利润是最高的；制造商选择不合作策略下制造商的减排研发水平、净碳排

放量、零售商的利润以及供应链的利润是最高的，制造商的利润是最低的；制造商选择半合作策略下制造商的减排研发水平、制造商的净碳排放量、制造商的利润、零售商的利润以及供应链的利润介于制造商选择完全合作策略和不合作策略之间。

当 $\rho_3(\beta)<\theta<\min(h(\beta),g_2(\beta))$ 时，制造商选择完全合作策略下制造商的减排研发水平、净碳排放量、零售商的利润以及供应链的利润也是最低的，制造商的利润也是最高的；制造商选择不合作策略下制造商的减排研发水平高于制造商选择完全合作策略下的减排研发水平，制造商的净碳排放量、零售商的利润以及供应链的利润均是最高的，制造商的利润是最低的；制造商选择半合作策略下制造商的减排研发水平是最高的，制造商的净碳排放量和利润、零售商的利润以及供应链的利润介于制造商选择完全合作策略和不合作策略之间。

当 $\rho_2(\beta)<\theta<\min(\rho_3(\beta),g_2(\beta))$ 时，制造商选择完全合作策略下制造商的减排研发水平、净碳排放量、零售商的利润以及供应链的利润还是最低的，制造商的利润也还是最高的；制造商选择不合作策略下制造商的减排研发水平和供应链的利润均高于制造商选择完全合作策略下的减排研发水平和供应链的利润，制造商的净碳排放量和零售商的利润均是最高的，制造商的利润是最低的；制造商选择半合作策略下制造商的减排研发水平和供应链的利润均是最高的，制造商的净碳排放量和利润以及零售商的利润介于制造商选择完全合作策略和不合作策略之间。

当 $\rho_1(\beta)<\theta<\min(\rho_2(\beta),g_2(\beta))$ 时，制造商选择完全合作策略下制造商的减排研发水平、净碳排放量、零售商的利润以及供应链的利润是最低的，制造商的利润仍是最高的；制造商选择不合作策略下制造商的减排研发水平、零售商的利润和供应链的利润均高于制造商选择完全合作策略下的减排研发水平、零售商的利润和供应链的利润，制造商的净碳排放量是最高的，制造商的利润是最低的；制造商选择半合作策略下制造商的减排研发水平、零售商的利润和供应链的利润均是最高的，制造商的净碳排放

量和利润介于制造商选择完全合作策略和不合作策略之间。

当 $0<\theta<\min(\rho_1(\beta), g_2(\beta))$ 时，制造商选择完全合作策略下制造商的减排研发水平、净碳排放量、零售商的利润以及供应链的利润是最低的，制造商的利润仍是最高的；制造商选择不合作策略下制造商的净碳排放量是最高的，制造商的减排研发水平、零售商的利润和供应链的利润均高于制造商选择完全合作策略下的减排研发水平、零售商的利润和供应链的利润，制造商的利润低于制造商选择完全合作策略下的；制造商选择半合作策略下制造商的减排研发水平、零售商的利润和供应链的利润均是最高的，制造商的利润是最低的，制造商的净碳排放量介于制造商选择完全合作策略和不合作策略之间。

相对而言，由于 $0<\theta<\min(\rho_1(\beta), g_2(\beta))$ 所占的面积最大，即较之于制造商选择不进行减排研发合作，制造商选择仅进行减排研发合作增加制造商的减排研发水平、零售商的利润和供应链的利润的可能性最大，减少制造商的利润的可能性最大。

第四节　结　论

本章以两个制造商和单个零售商组成的两级供应链为研究对象，并考虑到消费者低碳产品偏好，政府征收生产型碳税，制造商之间可以选择不合作（不进行减排研发合作）、半合作（仅进行减排研发合作）和完全合作（同时进行减排研发合作和定价合作），构建了政府确定生产型碳税税率，制造商确定研发水平，制造商确定产品的批发价格以及零售商确定产品的零售价格的四阶段动态博弈模型。运用逆向归纳法求得各博弈模型的均衡解，并比较了制造商选择不同策略下减排研发水平、净碳排放量和企业利润。

研究结果表明：制造商选择完全合作策略下制造商的减排研发水平最低，半合作策略与不合作策略下制造商的减排研发水平不相上下；制造商选择完全合作策略下制造商的净碳排放量最低，制造商选择不合作策略下制造商的净碳排放量是最高的，半合作策略下制造商的净碳排放量介于完全合作策略和不合作策略之间；制造商选择完全合作策略下制造商的利润最高，半合作策略与不合作策略下制造商的利润不相上下；制造商选择完全合作策略下零售商的利润和供应链的利润均是最低的，半合作策略与不合作策略下零售商的利润和供应链的利润也分别不相上下。

综合来看，制造商选择完全合作策略下制造商的减排研发水平和净碳排放量、零售商的利润以及供应链的利润总是最低的，制造商的利润总是最高的，制造商选择不合作策略下制造商的净碳排放量总是最高的，制造商选择半合作策略下制造商的净碳排放量介于完全合作策略和不合作策略之间，制造商的减排研发水平和利润、零售商的利润和供应链的利润在制造商选择半合作策略和不合作策略时不相上下。

第三章 碳交易政策与两级供应链减排研发的效果

碳交易市场的有效性和低成本性引起了世界各国政府的关注，许多国家都建立了自己的碳交易市场。其中，欧盟、美国、澳大利亚等经济体已建成碳交易市场，发布并实施碳交易政策，且日益成熟。中国在国内7个省市开展碳交易试点工作后，国务院印发了《"十三五"控制温室气体排放工作方案》，规划从2017年开始建立全国碳交易市场，中国全面实施并完善碳交易政策指日可待。马秋卓（2014）比较了实施碳交易政策前后的效果，发现实施碳交易政策会降低制造商的利润，增加供应商和供应链的利润。刘传明等（2019）对中国碳交易试点省市的研究发现，这些省市的二氧化碳排放量明显下降。在碳交易政策中，免费分配是较为常见的初始碳排放配额的分配方式（Stern，2008），企业之间交易碳排放配额可使各企业的边际减排成本相等，改善国家福利（Sartzetakis，1997）。若政府对碳排放量的控制不是很严格，并分配给企业足够多的初始碳排放配额，交易碳排放配额可提高企业利润（Jouvet et. al，2010）。若国家之间独自分配初始碳排放配额，交易碳排放配额可降低全球碳排放量（Carbone et. al，2009；Lee，2011）；若国家之间合作分配初始碳排放配额，交易碳排放配额可进一步降低全球碳排放量（杨仕辉和魏守道，2013b；杨仕辉等，2016）。通过对两个减排研发效率不同的制造商的研究，魏守道（2020）发现，与研发竞争相比，制造商选择研发合作必定会降低研发效率较高企业的净碳排放量和利润，研发溢出率较高时会降低研发效率较低企业的净碳排放量和利润，研发溢出率较低时会增加研发效率较低企业的净碳排放量和利润。

第一节　文献综述

一、供应商与零售商两级供应链减排研发

在供应商与零售商两级供应链减排研发的研究方面，学者们均考虑由单个供应商和单个零售商组成的两级供应链。王芹鹏和赵道致（2014）给定政府免费分配的碳排放配额，构建零售商确定最佳订货量，制造商选择是否减排以及确定最佳减排水平的博弈模型，发现单位产品的碳排放量较低时，制造商选择减排能同时提高零售商和供应商的利润；单位产品的碳排放量过高时，制造商会选择不减排；单位产品的碳排放量适中时，若零售商愿意与制造商分享收益，制造商仍有可能选择减排。

李友东等（2016）设计了分享减排所增利润契约（零售商将低碳产品需求增加部分所获得的增值利润分享给供应商）和分担减排投资成本契约（零售商分担供应商的部分减排成本），发现分担减排投资成本契约下，供应商的减排水平和利润、零售商的利润均较高；分享减排所增利润契约下，供应商的利润和零售商的利润不确定。李剑等（2016）建立包含减排的碳交易模型，发现将初始碳排放配额控制在合理的范围内时，可以促进供应商减排。

二、制造商与零售商两级供应链减排研发

在制造商与零售商两级供应链减排研发的研究方面，学者们主要以单个制造商和单个零售商组成的两级供应链为研究对象。谢鑫鹏和赵道致（2013）比较了零售商和制造商分散决策和集中决策的效果，结果表明：与分散决策相比，集中决策下供应链的利润较高，而且在一定条件下双方的利润也较高。

田江等(2014)比较了零售商与制造商合作与否确定产品价格和碳减排率的效果,结果表明:与不合作决策相比,零售商与制造商合作决策会提高制造商的减排研发水平和供应链的利润。

谢鑫鹏和赵道致(2013b)给定碳排放配额的交易价格,构建分散决策(制造商先确定批发价格和零售商再确定加价率)和集中决策(制造商和零售商合作确定加价率)的博弈模型,发现减排成本过高会降低双方合作的可能性,减排成本过低会降低制造商的竞争力。因此,适当的减排成本有利于制造商积极减排。

丁志刚和徐琪(2014)给定碳排放配额的交易价格,构建制造商确定减排水平,零售商确定愿意承担制造商研发成本的比例和向低碳产品提供价格补贴的博弈模型,发现处于同等地位的制造商和零售商不合作时,零售商不会分担制造商的减排成本,但提高低碳价格补贴力度有助于促进制造商提高减排水平;若零售商处于供应链的主导地位,零售商可选择合适的成本分担比例和低碳价格补贴激励制造商减排;若制造商与零售商合作,制造商实施减排可实现供应链收益的帕累托优化。

骆瑞玲等(2014)构建了分散决策(制造商先确定减排水平和批发价格,零售商再确定订货量)、集中决策(双方合作确定碳减排水平和订货量)以及渠道协调(双方共同确定碳减排水平、制造商再确定批发价格、零售商确定订货量)的博弈模型,发现政府制定合适的碳排放上限有利于供应链减排,而且与分散决策相比,集中决策下供应链总利润和碳排放总量均较高,渠道协调下供应链碳排放总量较少。

周艳菊等(2015)构建了有无减排成本分担契约的 Stackelberg 模型,发现引入减排成本分担契约会增加低碳产品的最优订货量,在一定条件下可以增加制造商的利润和零售商的利润。楼高翔等(2016)构建了制造商确定单位产品批发价格和减排比例以及零售商确定产品市场价格的博弈模型,发现碳排放配额交易价格的上升、减排难度的下降和单位产品产生较高的初始碳排放量都会激励制造商减排。

陈晓红等（2016）比较了分散决策（双方独立确定产品价格和碳排放量）和集中决策（双方合作确定产品价格和碳排放量）的效果，发现相比于分散决策，集中决策下制造商的最优单位碳排放量较低。

Yang 等（2017）考虑到制造商占领导地位和零售商处于跟随地位，发现制造商与零售商合作有利于降低碳排放量。杨磊等（2017）还构建了制造商和零售商选择四种不同渠道结构的供应链分销模型，比较了集中决策、零售商双渠道、制造商双渠道以及制造商委托第三方进行网络销售的效果。

Kuiti 等（2019）比较了制造商和零售商分散决策、集中决策的效果，发现集中决策下制造商的减排水平较高，供应链的利润也较高。并且，设计出制造商分担零售商成本契约、零售商分担制造商成本契约和二部定价契约，发现与分散决策相比，这三种契约都可以增加制造商的减排水平，但是只有二部定价契约可以实现供应链协调。

少数学者以两个制造商和两个零售商组成的两级供应链为研究对象。何新华和武鹏星（2020）建立了三个博弈模型，分别为单个制造商与单个零售商合作，制造商之间合作和零售商之间合作，零售商和制造商共享利润模型，发现零售商和制造商的收入共享比例满足一定条件时，零售商和制造商共享利润可以增加制造商的利润和零售商的利润。

三、供应商与制造商两级供应链减排研发

在制造商与供应商两级供应链减排研发的研究方面，学者们侧重于比较不同减排研发策略的效果。Benjaafar 等（2013）通过参数赋值发现，研发合作可提高企业的成本和碳排放量。部分学者以单个供应商和单个制造商组成的两级供应链为研究对象。

谢鑫鹏和赵道致（2013c）比较了完全不合作（双方均不合作确定价格和减排率）、半合作（双方仅合作确定减排率）以及完全合作（双方合作确定价格和减排率）的效果，发现完全合作下供应商和制造商的减排率和供应链的利润均最高，完全不合作下供应商和制造商的减排率和供应链的利润均

最低，半合作下供应商和制造商的减排率和供应链的利润均介于完全合作与完全不合作之间。

夏良杰等（2013）比较了供应商和制造商独立减排和联合减排（制造商向供应商提供一定的转移支付）的效果，发现与独立减排相比，联合减排不会改变制造商的减排量，至少不会降低供应商的减排量，可以增加供应商的利润、制造商的利润和供应链的利润。

杨仕辉和王平（2016）则比较了分散决策（双方独自决定产品价格、产品订购量和碳减排量）、集中决策（双方合作决定产品价格、产品订购量和碳减排量）和收益共享契约（制造商将一部分的销售收益返还给供应商）的效果。发现与分散决策相比，集中决策下供应链总利润较多，制造商和供应商的碳减排量更多。并且，通过设定合理的收益共享契约参数，供应链各成员的利润均会得到改善。

也有部分学者以不同结构的两级供应链为研究对象。史卓然和赵道致（2013）以单个供应商和多个寡头制造商组成的两级供应链为研究对象，比较供应商不投资减排、供应商单独投资减排和价格折扣契约合作减排后发现，合理确定供应商的承担投资比例可以提高供应商的利润、制造商的利润和供应链的利润。

谢鑫鹏和赵道致（2014）考虑单个供应商与两个制造商组成的两级供应链，发现在两个制造商能严格控制碳排放量和政府能科学制定排放上限的前提下，如果制造商与供应商之间的转移支付满足一定条件，供应链可以达到集中决策下的最优利润。

魏守道（2018）以两个供应商和两个制造商组成的两级供应链为研究对象，供应链成员之间可选择研发竞争、水平合作研发、垂直合作研发和全面合作研发等四种减排研发形式。结果表明：全面合作研发下碳排放存量和制造商的利润最少，供应商的利润和供应链的总利润最多；研发竞争下碳排放存量和制造商的利润最多，供应商的利润和供应链的总利润最少；水平合作研发和垂直合作研发的比较取决于水平研发溢出率和垂直研发溢出率的相对大小。

综上所述，学者们对政府、企业实施碳交易政策与供应链减排研发有着深入的研究，成果也很丰富，但是还存在一些不足之处。第一，他们主要考虑单个零售商与单个供应商组成的供应链，单个零售商与单个制造商组成的供应链以及单个供应商与单个制造商组成的供应链，对多个供应链成员的研究较少。第二，这些研究提供的策略主要包括上下游供应链成员之间的成本分担，仅少数学者研究了供应链中的横向合作。本章以两个制造商和单个零售商组成的供应链为研究对象，考虑消费者具有低碳产品偏好以及政府对企业实施碳交易政策，制造商之间可以选择不合作（制造商单独确定批发价格水平和减排研发水平）、半合作（制造商之间仅进行减排研发合作）和完全合作（制造商合作确定批发价格水平和减排研发水平），研究供应链策略选择的效果。

第二节　模型构建与求解

一、基本假设

本章考虑由两个制造商和一个零售商组成的两级供应链。其中，制造商 $m(m=1, 2)$ 生产同质产品，产量为 q_m，以批发价格 ω_m 销售给零售商 R，零售商 R 最后以零售价格 p_m 销售给具有低碳产品偏好的消费者。为简化计算，不考虑制造商的生产成本，并设生产单位最终产品排放单位碳排放量。为减少碳排放量，制造商 m 可实施减排研发。在产品定价和减排研发形式方面，制造商之间可以选择不合作（制造商单独确定批发价格水平和减排研发水平）、半合作（制造商之间仅进行减排研发合作）和完全合作（制造商合作确定批发价格水平和减排研发水平）。

借鉴 Poyago-Theotoky（2007）的研究，设制造商 m 的减排研发水平为 x_m 时，研发成本为 $C_m = x_m^2/2$，研发成果可在制造商之间免费溢出，设研发溢

出率为 β $(0<\beta<1)$ ，因此，制造商 m 的净碳排放量为 $e_m = q_m - x_m - \beta x_n$，$m, n = 1, 2$，$m \neq n$。借鉴 Poyago-Theotoky（2007），设碳排放造成的环境损害函数为 $D = (e_1 + e_2)^2/2$，设消费者从最终产品的消费中获得的效用函数为 $U = q_1 + q_2 - (q_1 + q_2)^2/2$，从而可求得消费者剩余函数为 $CS = (q_1 + q_2)^2/2$。由于碳排放损害环境质量，制造商面临着政府环境规制的压力和消费者对低碳产品的购买压力。设政府免费分配给制造商 m 的初始碳排放配额为 $\bar{e}_m$，如果制造商 m 的净碳排放量高于其免费获得的初始碳排放配额，需要从碳交易市场购买额外的碳排放配额，对碳排放配额的净需求量为 $ND_m = e_m - \bar{e}_m$，碳交易市场出清时满足 $ND_1 + ND_2 = 0$，相应的价格为 p_e。借鉴 Singh 和 Vives（1984），引入消费者对低碳产品的偏好程度为 θ $(0<\theta<1)$，消费者对制造商 m 的产品的逆需求函数为 $p_m = 1 - q_m - q_n - \theta e_m$，从而可求得消费者对制造商 m 的产品的需求函数为：

$$q_m = \frac{\theta - (1+\theta)p_m + p_n + \theta(1+\theta)(x_m + \beta x_n) - \theta(\beta x_m + x_n)}{\theta(2+\theta)} \qquad (3-1)$$

零售商 R 的利润函数为：

$$\pi_r = (p_1 - \omega_1)q_1 + (p_2 - \omega_2)q_2 \qquad (3-2)$$

制造商 k 的利润函数为：

$$\pi_m = \omega_m q_m - x_m^2/2 - p_e(e_m - \bar{e}_m) \qquad (3-3)$$

国家福利函数为 $W = \pi_1 + \pi_2 + \pi_r + CS - D$，整理后有：

$$W = p_1 q_1 + p_2 q_2 + (q_1 + q_2)^2/2 - (x_1^2 + x_2^2)/2 - (e_1 + e_2)^2/2 \qquad (3-4)$$

二、博弈规则

政府与供应链成员之间的博弈顺序如下：第一阶段，政府确定免费分配的初始碳排放配额；第二阶段，制造商确定减排研发水平；第三阶段，制造商确定产品的批发价格；第四阶段，零售商确定产品的零售价格。

三、模型求解

下面运用逆向归纳法求解各博弈模型。

（一）不合作模型的求解

1. 第四阶段：最终零售价格

给定政府免费分配的初始碳排放配额、制造商的研发水平和批发价格，零售商以自身利润最大化为目的确定最优零售价格。将(3-1)式代入(3-2)式，零售商确定最优零售价格的问题为：

$$\max_{p_1,p_2}\pi_r = \{(p_1-\omega_1)[\theta-(1+\theta)p_1+p_2+\theta(1+\theta)(x_1+\beta x_2)-\theta(\beta x_1+x_2)]$$
$$+(p_2-\omega_2)[\theta+p_1-(1+\theta)p_2+\theta(1+\theta)(\beta x_1+x_2)-\theta(x_1+\beta x_2)]\}/[\theta(2+\theta)] \tag{3-5}$$

联立 $\partial\pi_r/\partial p_1=0$ 和 $\partial\pi_r/\partial p_2=0$，可求得零售商确定的产品零售价格为：

$$p_m^* = [1+\omega_m+\theta(x_m+\beta x_n)]/2 \tag{3-6}$$

由(3-6)式易知：$\partial p_m^*/\partial\omega_m>0$，即制造商 m 对产品制定的批发价格越高，零售商的进货成本越大，则零售商会提高该制造商最终产品的零售价格；$\partial p_m^*/\partial x_m=\theta/2$，$\partial p_m^*/\partial x_n=\beta\theta/2$，即无论是制造商自己提高自主研发水平还是竞争对手提高自主研发，都有助于降低制造商生产的产品的净碳排放量，具有低碳偏好的消费者愿意承担更高的购买价格，因此，零售商会提高产品的零售价格。但与竞争对手提高自主研发相比，制造商自己提高自主研发水平下零售商可以将其产品的价格定得更高。

2. 第三阶段：最优批发价格

将(3-6)式回代(3-1)式，可求得消费者对制造商 m 产品的需求函数为：

$$q_m^* = \frac{\theta-(1+\theta)\omega_m+\omega_n+\theta[(1+\theta)(x_m+\beta x_n)-(\beta x_m+x_n)]}{2\theta(2+\theta)} \tag{3-7}$$

给定政府免费分配的初始碳排放配额和制造商的研发水平，制造商 m 确定最优批发价格的问题为：

$$\max_{\omega_m}\pi_m = \omega_m q_m^* - x_m^2/2 - p_e(q_m^* - x_m - \beta x_n - \bar{e}_m) \tag{3-8}$$

联立 $\partial\pi_1/\partial\omega_1=0$ 和 $\partial\pi_2/\partial\omega_2=0$，可求得制造商 m 确定的批发价格为：

$$\omega_m^* = [\,\theta(3+2\theta)+(1+\theta)(3+2\theta)p_e+\theta(2\theta^2+4\theta+1)(x_m+\beta x_n)$$

$$-\theta(1+\theta)(\beta x_m+x_n)\,]/[\,(1+2\theta)(3+2\theta)\,] \qquad (3-9)$$

根据(3-9)式可以求得：$\partial\omega_m^*/\partial p_e=(1+\theta)/(1+2\theta)$，$\mathrm{sign}(\partial\omega_m^*/\partial x_m)=$
$\mathrm{sign}(2\theta^2+4\theta+1-\beta(1+\theta))$，$\mathrm{sign}(\partial\omega_m^*/\partial x_n)=\mathrm{sign}(\beta(2\theta^2+4\theta+1)-(1+\theta))$。
对任意 $0\leqslant\beta\leqslant1$，$\theta>0$，恒有 $\partial\omega_m^*/\partial\tau>0$；恒有 $2\theta^2+4\theta+1>\beta(1+\theta)$，即
$\partial\omega_m^*/\partial x_m>0$ 恒成立。这就意味着，随着政府提高免费分配的初始碳排放配
额或制造商提高自己的自主研发水平，制造商均可以制定更高的批发价
格。当 $\beta>(1+\theta)/(2\theta^2+4\theta+1)$ 时，有 $\partial\omega_m^*/\partial x_n>0$ 成立，反之则有 $\partial\omega_m^*/\partial x_n<0$
成立。这就意味着，只有当研发溢出率较高时，随着竞争对手提高自主研
发水平，本企业也可以提高其产品的批发价格，否则本企业会降低其产品
的批发价格。

3. 第二阶段：最优研发水平

在制造商选择不合作策略下，各制造商以其利润最大化为目标确定最
优研发水平。给定政府的生产型碳税税率，制造商 m 确定最优研发水平的
问题为：

$$\max_{x_m}\pi_m=\omega_m^*q_m^*-x_m^2/2-p_e(q_m^*-x_m-\beta x_n-\bar e_m) \qquad (3-10)$$

联立 $\partial\pi_1/\partial x_1=0$ 和 $\partial\pi_2/\partial x_2=0$，可求得制造商 m 的研发水平为：

$$x_m^*=-\frac{\theta\alpha_1(\alpha_2-\beta\alpha_1)+(\alpha_3\alpha_4+\beta\theta\alpha_1^2)p_e}{\alpha_5+\beta\theta^2\alpha_1\alpha_6} \qquad (3-11)$$

其中，$\alpha_1=1+\theta$，$\alpha_2=2\theta^2+4\theta+1$，$\alpha_3=2\theta^2+6\theta+3$，$\alpha_4=3\theta^2+6\theta+2$，$\alpha_5=$
$2\theta^5-2\theta^4-31\theta^3-53\theta^2-31\theta-6$，$\alpha_6=2\theta^2+3\theta-\alpha_1\beta\theta$。

将(3-7)式、(3-9)式和(3-11)式代入碳交易市场出清的条件，可求
得碳排放配额的交易价格为：

$$p_e^*=\frac{\alpha_1[\,2\theta\alpha_1\beta^2-2\theta^2(2\alpha_1+1)\beta-4\theta^2\alpha_1+3(2\alpha_1-1)\,]+(\alpha_5+\beta\theta^2\alpha_1\alpha_6)(\bar e_m+\bar e_n)}{2\theta\alpha_1^2\beta^2+(2\alpha_1+1)\alpha_7\beta+\alpha_8}$$

$$(3-12)$$

其中，$\alpha_7 = 4\theta^3 + 19\theta^2 + 17\theta + 4$，$\alpha_8 = 8\theta^4 + 52\theta^3 + 99\theta^2 + 68\theta + 15$。

4. 第一阶段：最优的初始碳排放配额

政府以国家福利最大化为目的确定最优的初始碳排放配额，政府确定最优初始碳排放配额的问题可表示为：

$$\max_{\bar{e}_1, \bar{e}_2} W = \sum_{m=1}^{2} p_m^* q_m^* + \left(\sum_{m=1}^{2} q_m^* \right)^2 / 2 - \sum_{m=1}^{2} (x_m^*)^2 / 2 - \left(\sum_{m=1}^{2} e_m^* \right)^2 / 2$$

$$(3-13)$$

根据 $\partial W / \partial \bar{e}_1 = 0$ 和 $\partial W / \partial \bar{e}_2 = 0$，并考虑对称性，可求得制造商选择不合作下最优的初始碳排放配额为：

$$\bar{e}_m^{nc} = -\alpha_1 (2\alpha_1 - 1)(2\alpha_1 + 1) \left[4\theta^2 \alpha_1^2 \beta^3 + 4\theta \alpha_9 \beta^2 + \alpha_{10}\beta - (\alpha_1 - 2)\alpha_{11} \right] / (2\Delta_1)$$

$$(3-14)$$

其中，$\Delta_1 = 4\beta^4 \theta^2 \alpha_1^4 - 2\beta^3 \theta \alpha_1^2 (2\alpha_1 + 1)\alpha_{12} - \beta^2 \alpha_{13} - 2\beta\alpha_{14} - \alpha_{15}$，$\alpha_9 = 4\theta^4 + 24\theta^3 + 41\theta^2 + 24\theta + 4$，$\alpha_{10} = 32\theta^5 + 180\theta^4 + 288\theta^3 + 139\theta^2 + 3\theta - 6$，$\alpha_{11} = 16\theta^4 + 92\theta^3 + 162\theta^2 + 103\theta + 21$，$\alpha_{12} = 2\theta^4 - 5\theta^3 - 37\theta^2 - 34\theta - 8$，$\alpha_{13} = 32\theta^9 + 224\theta^8 + 156\theta^7 - 2522\theta^6 - 9281\theta^5 - 14824\theta^4 - 12731\theta^3 - 6038\theta^2 - 1476\theta - 144$，$\alpha_{14} = 32\theta^9 + 204\theta^8 + 24\theta^7 - 2887\theta^6 - 9921\theta^5 - 15722\theta^4 - 13700\theta^3 - 6706\theta^2 - 1722\theta - 180$，$\alpha_{15} = 32\theta^9 + 120\theta^8 - 812\theta^7 - 6372\theta^6 - 17839\theta^5 - 26404\theta^4 - 22448\theta^3 - 10964\theta^2 - 2853\theta - 306$，进而可求得制造商选择不合作策略下的均衡结果为：

$$p_e^{nc} = \frac{\alpha_1 \left[2\theta\alpha_1\beta^2 - 2\theta^2(2\alpha_1 + 1)\beta - 4\theta^2\alpha_1 + 3(2\alpha_1 - 1) \right] + 2(\alpha_5 + \beta\theta^2\alpha_1\alpha_6)\bar{e}_m^{nc}}{2\theta\alpha_1^2\beta^2 + (2\alpha_1 + 1)\alpha_7\beta + \alpha_8}$$

$$(3-15)$$

$$x_m^{nc} = -\frac{\theta\alpha_1(\alpha_2 - \beta\alpha_1) + (\alpha_3\alpha_4 + \beta\theta\alpha_1^2)p_e^{nc}}{\alpha_5 + \beta\theta^2\alpha_1\alpha_6}$$

$$(3-16)$$

$$\omega_m^{nc} = \frac{\theta + (1+\theta)p_e^{nc} + \theta^2(1+\beta)x_m^{nc}}{1+2\theta}$$

$$(3-17)$$

$$q_m^{nc} = \frac{\theta - \theta\omega_m^{nc} + (1+\beta)\theta^2 x_m^{nc}}{2\theta(2+\theta)}$$

$$(3-18)$$

$$p_m^{nc} = \left[1 + \omega_m^{nc} + \theta(1+\beta) x_m^{nc} \right]/2 \tag{3-19}$$

$$\pi_m^{nc} = \omega_m^{nc} q_m^{nc} - (x_m^{nc})^2/2 - p_e^{nc} \left[q_m^{nc} - (1+\beta) x_m^{nc} \right] \tag{3-20}$$

$$\pi_r^{nc} = 2(p_m^{nc} - \omega_m^{nc}) \left[\theta - \theta p_m^{nc} + (1+\beta) \theta^2 x_m^{nc} \right] / \left[\theta(2+\theta) \right] \tag{3-21}$$

经比较可知：当 $\beta, \theta \in (0,1)$ 时，制造商选择不合作策略下的研发水平、产量、批发价格及零售价格均为正，$\mathrm{sign}(\bar{e}_m^{nc}) = \mathrm{sign}(-(4\theta^2\alpha_1^2\beta^3 + 4\theta\alpha_9\beta^2 + \alpha_{10}\beta - (\alpha_1 - 2)\alpha_{11}))$。如图 3-1 所示，令 $4\theta^2\alpha_1^2\beta^3 + 4\theta\alpha_9\beta^2 + \alpha_{10}\beta - (\alpha_1 - 2)\alpha_{11} = 0$，可求得 $\theta = g_1(\beta)$。当 $\theta < g_1(\beta)$ 时，有 $4\theta^2\alpha_1^2\beta^3 + 4\theta\alpha_9\beta^2 + \alpha_{10}\beta - (\alpha_1 - 2)\alpha_{11} < 0$，即有 $\bar{e}_m^{nc} > 0$；反之，当 $\theta > g_1(\beta)$ 时，有 $4\theta^2\alpha_1^2\beta^3 + 4\theta\alpha_9\beta^2 + \alpha_{10}\beta - (\alpha_1 - 2)\alpha_{11} > 0$，即有 $\bar{e}_m^{nc} < 0$。

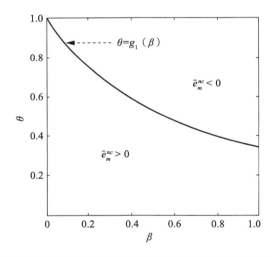

图 3-1　不合作模型下初始碳排放配额为正的条件

（二）半合作模型的求解

制造商选择半合作模型的第三阶段和第四阶段的求解同制造商选择不合作模型，即零售商对制造商 m 生产的最终产品制定的零售价格见（3-6）式，制造商 m 确定的批发价格见（3-9）式，下面依次求解制造商选择半合作模型的第二阶段和第一阶段。

1. 第二阶段：最优研发水平

记制造商的利润之和为 $\pi_{mn} = \pi_m + \pi_n$。与制造商选择不合作策略不同的是，在制造商选择半合作策略下，每个制造商确定最优研发水平以最大化制造商的利润之和。给定政府免费分配的初始碳排放配额，制造商 m 确定最优研发水平的问题可以描述为：

$$\max_{x_m, x_n} \pi_{mn} = \omega_m^* q_m^* + \omega_n^* q_n^* - (x_m^2 + x_n^2)/2 \qquad (3-22)$$

联立 $\partial \pi_{mn}/\partial x_m = 0$，$\partial \pi_{mn}/\partial x_n = 0$，可求得制造商 m 的研发水平为：

$$\tilde{x}_m^* = -\frac{(1+\beta)\left[\theta^2 \alpha_1 + (3\alpha_1 - 1)\delta_1 p_e\right]}{\beta(2+\beta)\theta^3 \alpha_1 + \delta_2} \qquad (3-23)$$

其中，$\delta_1 = \theta^2 + 3\theta + 1$，$\delta_2 = \theta^4 - 3\theta^3 - 12\theta^2 - 9\theta - 2$。

将(3-7)式、(3-9)式和(3-23)式代入碳交易市场出清的条件，可求得碳排放配额的交易价格为：

$$\tilde{p}_e^* = -\frac{\alpha_1(2\theta^2\beta^2 + 4\theta^2\beta + \delta_3) - \left[\beta(2+\beta)\theta^3\alpha_1 + \delta_2\right](\bar{e}_m + \bar{e}_n)}{\beta^2\delta_4 + 2\beta\delta_4 + \delta_5} \qquad (3-24)$$

其中，$\delta_3 = 2\theta^2 - 2\theta - 1$，$\delta_4 = 4\theta^3 + 19\theta^2 + 17\theta + 4$，$\delta_5 = 4\theta^3 + 21\theta^2 + 20\theta + 5$。

2. 第一阶段：最优的初始碳排放配额

与制造商选择不合作策略相同，政府也以国家福利最大化为目的确定最优的初始碳排放配额，政府确定最优初始碳排放配额的问题可表示为：

$$\max_{\bar{e}_1, \bar{e}_2} \widetilde{W}^* = \sum_{m=1}^{2} p_m^* q_m^* + \left(\sum_{m=1}^{2} q_m^*\right)^2/2 - \sum_{m=1}^{2} (\tilde{x}_m^*)^2/2 - \left(\sum_{m=1}^{2} \tilde{e}_m^*\right)^2/2$$

$$(3-25)$$

根据 $\partial \widetilde{W}^*/\partial \bar{e}_1 = 0$ 和 $\partial \widetilde{W}^*/\partial \bar{e}_2 = 0$，并考虑对称性，可求得制造商选择半合作策略下最优的初始碳排放配额为：

$$\bar{e}_m^{sc} = \alpha_1(2\alpha_1 - 1)\left[(1+\beta)^2\theta - 1\right](2\beta^2\delta_6 + 4\beta\delta_6 + \delta_7)/(2\Delta_2) \qquad (3-26)$$

其中，$\Delta_2 = \beta^4\delta_8 + 4\beta^3\delta_8 + 2\beta^2\delta_9 + 4\beta\delta_{10} + \delta_{11}$，$\delta_6 = 4\theta^3 + 17\theta^2 + 14\theta + 3$，$\delta_7 = 8\theta^3 + 36\theta^2 + 31\theta + 7$，$\delta_8 = 8\theta^7 + 30\theta^6 - 69\theta^5 - 432\theta^4 - 655\theta^3 - 438\theta^2 - 136\theta - 16$，$\delta_9 = 24\theta^7 + 79\theta^6 - 296\theta^5 - 1550\theta^4 - 2293\theta^3 - 1525\theta^2 - 474\theta - 56$，$\delta_{10} = 8\theta^7 + 19\theta^6 - 158\theta^5 -$

$686\theta^4 - 983\theta^3 - 649\theta^2 - 202\theta - 24$，$\delta_{11} = 8\theta^7 + 8\theta^6 - 251\theta^5 - 960\theta^4 - 1348\theta^3 - 892\theta^2 - 281\theta - 34$，进而可求得制造商选择半合作策略下的均衡结果为：

$$p_e^{sc} = -\frac{\alpha_1(2\theta^2\beta^2 + 4\theta^2\beta + \delta_3) - 2[\beta(2+\beta)\theta^3\alpha_1 + \delta_2]\overline{e}_m^{sc}}{\beta^2\delta_4 + 2\beta\delta_4 + \delta_5} \tag{3-27}$$

$$x_m^{sc} = -\frac{(1+\beta)[\theta^2\alpha_1 + (3\alpha_1 - 1)\delta_1 p_e^{sc}]}{\beta(2+\beta)\theta^3\alpha_1 + \delta_2} \tag{3-28}$$

$$\omega_m^{sc} = \frac{\theta + (1+\theta)p_e^{sc} + \theta^2(1+\beta)x_m^{sc}}{1+2\theta} \tag{3-29}$$

$$q_m^{sc} = \frac{\theta - \theta\omega_m^{sc} + (1+\beta)\theta^2 x_m^{sc}}{2\theta(2+\theta)} \tag{3-30}$$

$$p_m^{sc} = [1 + \omega_m^{sc} + \theta(1+\beta)x_m^{sc}]/2 \tag{3-31}$$

$$\pi_m^{sc} = \omega_m^{sc}q_m^{sc} - (x_m^{sc})^2/2 - p_e^{sc}[q_m^{sc} - (1+\beta)x_m^{sc}] \tag{3-32}$$

$$\pi_r^{sc} = 2(p_m^{sc} - \omega_m^{sc})[\theta - \theta p_m^{sc} + (1+\beta)\theta^2 x_m^{sc}]/[\theta(2+\theta)] \tag{3-33}$$

经比较可知：当$\beta, \theta \in (0,1)$时，制造商选择半合作策略下的研发水平、产量、批发价格及零售价格均为正，$\mathrm{sign}(\overline{e}_m^{sc}) = \mathrm{sign}(-((1+\beta)^2\theta - 1))$。如图3-2所示。令$(1+\beta)^2\theta - 1 = 0$，可求得$\theta = 1/(1+\beta)^2 = g_2(\beta)$。当$\theta < g_2(\beta)$时，有$(1+\beta)^2\theta - 1 < 0$，即有$\overline{e}_m^{sc} > 0$；反之，当$\theta > g_2(\beta)$时，有$(1+\beta)^2\theta - 1 > 0$，即有$\overline{e}_m^{sc} < 0$。

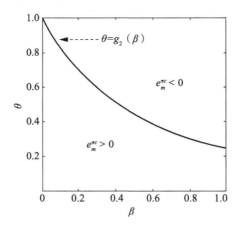

图3-2　半合作模型下初始碳排放配额为正的条件

（三）完全合作模型的求解

完全合作模型的第四阶段的求解与不合作模型相同，即零售商对制造商 m 生产的最终产品制定的零售价格见(3-6)式，下面依次求解完全合作模型的第三阶段、第二阶段和第一阶段。

1. 第三阶段：最优批发价格

与不合作模型和半合作模型不同，在完全合作模型下，每个制造商确定最优批发价格以最大化制造商的利润之和。给定政府免费分配的初始碳排放配额和制造商的减排研发水平，制造商 m 确定最优批发价格的问题可以描述为：

$$\max_{\omega_m,\omega_n}\pi_{mn}=\omega_m q_m^* +\omega_n q_n^* -(x_m^2+x_n^2)/2 \tag{3-34}$$

联立 $\partial\pi_{mn}/\partial\omega_m=0$，$\partial\pi_{mn}/\partial\omega_n=0$，可求得制造商 m 制定的批发价格为：

$$\widetilde{\omega}_m^{**}=[1+\theta(x_m+\beta x_n)+p_e]/2 \tag{3-35}$$

2. 第二阶段：最优研发水平

与制造商选择半合作策略相同，在制造商选择完全合作策略下，每个制造商也以制造商的利润之和最大化为目的确定最优研发水平。给定政府免费分配的初始碳排放配额，制造商 m 确定最优研发水平的问题可以描述为：

$$\max_{x_m,x_n}\pi_{mn}=\widetilde{\omega}_m^{**} q_m^* +\widetilde{\omega}_n^{**} q_n^* -(x_m^2+x_n^2)/2] \tag{3-36}$$

联立 $\partial\pi_{mn}/\partial x_m=0$，$\partial\pi_{mn}/\partial x_n=0$，可求得制造商 m 的研发水平为：

$$\tilde{x}_m^{**}=-\frac{(1+\beta)[\theta+(8+3\theta)p_e]}{\theta^2(1+\beta)^2-4(\alpha_1+1)} \tag{3-37}$$

将(3-7)式、(3-35)式和(3-37)式代入碳交易市场出清的条件，可求得碳排放配额的交易价格为：

$$\tilde{p}_e^{**}=-\frac{2[\theta(1+\beta)^2-1]-[\theta^2(1+\beta)^2-4(\alpha_1+1)](\bar{e}_m+\bar{e}_n)}{2[2(1+\beta)^2(\alpha_1+3)+1]} \tag{3-38}$$

3. 第一阶段：最优的初始碳排放配额

与制造商选择不合作策略和选择半合作策略相同，制造商选择完全合作策略下政府也以国家福利最大化为目的确定最优的初始碳排放配额。该问题可以描述为：

$$\max_{\bar{e}_1, \bar{e}_2} \widetilde{W}^{**} = \sum_{m=1}^{2} p_m^* q_m^{**} + \left(\sum_{m=1}^{2} q_m^{**}\right)^2/2 - \sum_{m=1}^{2} (\tilde{x}_m^{**})^2/2 - \left(\sum_{m=1}^{2} \tilde{e}_m^{**}\right)^2/2$$

$$(3-39)$$

根据 $\partial\widetilde{W}^{**}/\partial\bar{e}_1 = 0$ 和 $\partial\widetilde{W}^{**}/\partial\bar{e}_2 = 0$，并考虑对称性，可求得制造商选择完全合作策略下最优的初始碳排放配额为：

$$\bar{e}_m^{cc} = [\theta(1+\beta)^2-1][2(2\alpha_1+5)(1+\beta)^2+1]/\Delta_3 \qquad (3-40)$$

其中，$\Delta_3 = 2(4+\beta)\beta^3\delta_{12}+\beta^2\delta_{13}+2\beta\delta_{14}+\delta_{15}$，$\delta_{12} = 2\theta^3+3\theta^2-32\theta-64$，$\delta_{13} = 24\theta^3+25\theta^2-452\theta-864$，$\delta_{14} = 8\theta^3+\theta^2-196\theta-352$，$\delta_{15} = 4\theta^3-5\theta^2-134\theta-228$，进而可求得制造商选择完全合作策略下的均衡结果为：

$$p_e^{cc} = -\frac{2[\theta(1+\beta)^2-1]-2[\theta^2(1+\beta)^2-4(\alpha_1+1)]\bar{e}_m^{cc}}{2[2(1+\beta)^2(\alpha_1+3)+1]} \qquad (3-41)$$

$$x_m^{cc} = -\frac{(1+\beta)[\theta+(8+3\theta)p_e^{cc}]}{\theta^2(1+\beta)^2-4(\alpha_1+1)} \qquad (3-42)$$

$$\omega_m^{cc} = [1+\theta(1+\beta)x_m^{cc}+p_e^{cc}]/2 \qquad (3-43)$$

$$q_m^{cc} = \frac{\theta-\theta\omega_m^{cc}+(1+\beta)\theta^2 x_m^{cc}}{2\theta(2+\theta)} \qquad (3-44)$$

$$p_m^{cc} = [1+\omega_m^{cc}+\theta(1+\beta)x_m^{cc}]/2 \qquad (3-45)$$

$$\pi_m^{cc} = \omega_m^{cc} q_m^{cc}-(x_m^{cc})^2/2-p_e^{cc}[q_m^{cc}-(1+\beta)x_m^{cc}] \qquad (3-46)$$

$$\pi_r^{cc} = 2(p_m^{cc}-\omega_m^{cc})[\theta-\theta p_m^{cc}+(1+\beta)\theta^2 x_m^{cc}]/[\theta(2+\theta)] \qquad (3-47)$$

经比较可知：当 $\beta, \theta \in (0,1)$ 时，制造商选择完全合作策略下的研发水平、产量、批发价格及零售价格均为正，$\text{sign}(\bar{e}_m^{cc}) = \text{sign}(-((1+\beta)^2\theta-1))$；当 $\theta = g_2(\beta)$ 时，有 $(1+\beta)^2\theta-1 = 0$；当 $\theta < g_2(\beta)$ 时，有 $(1+\beta)^2\theta-1 < 0$，即有

$\bar{e}_m^{cc}>0$；当 $\theta>g_2(\beta)$ 时，有 $(1+\beta)^2\theta-1>0$，即有 $\bar{e}_m^{cc}<0$。

结合图 3-1~图 3-3，可知 $0<\beta$，$\theta<1$ 时，有 $g_2(\beta)<g_1(\beta)$，即综合制造商选择不合作策略、半合作策略和完全合作策略的模型，当 $\theta<g_2(\beta)$ 时，这三个模型的均衡解均为正，即都有内点解。

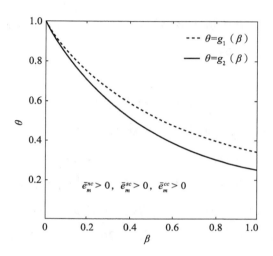

图 3-3 各模型下初始碳排放配额为正的条件

第三节 减排研发策略选择的效果分析

一、减排研发水平比较

根据(3-16)式、(3-28)式和(3-42)式，可以比较政府对企业实施碳交易政策下制造商选择不合作策略、半合作策略与完全合作策略时制造商的减排研发水平，结果如下：

$$
\begin{cases}
x_m^{sc}-x_m^{nc}=\alpha_1(2\alpha_1-1)\big(4\beta^7\theta^2\alpha_1^5\varphi_1+2\beta^6\theta\alpha_1^4\varphi_2+\beta^5\theta\alpha_1^2\varphi_3+\beta^4\varphi_4+\beta^3\varphi_5+\\
\qquad\beta^2\varphi_6+\beta\varphi_7-3\theta\alpha_1^2\varphi_8\big)/(\Delta_1\Delta_2)\\
x_m^{cc}-x_m^{nc}=\big(8\beta^7\theta^2\alpha_1^4\varphi_9+4\beta^6\theta^2\alpha_1^2\varphi_{10}+2\beta^5\varphi_{11}+2\beta^4\varphi_{12}+\beta^3\varphi_{13}+\beta^2\varphi_{14}+\\
\qquad\beta\varphi_{15}-3\varphi_{16}\big)/(\Delta_1\Delta_3)\\
x_m^{cc}-x_m^{sc}=-(1+\beta)(2\beta^2+4\beta+3)\varphi_{17}\big(2\beta^4\varphi_{18}+8\beta^3\varphi_{19}+\beta^2\varphi_{20}+2\beta\varphi_{21}+\\
\qquad\varphi_{22}\big)/(\Delta_2\Delta_3)
\end{cases}
$$

$$(3-48)$$

其中，$\varphi_1,\varphi_2,\cdots,\varphi_{22}$ 的表达式较为复杂，有兴趣的读者可以向作者索取。根据（3-48）式，易证明：对任意 $0<\beta$，$\theta<1$ 有 $\mathrm{sign}(x_m^{sc}-x_m^{nc})=\mathrm{sign}(4\beta^7\theta^2\alpha_1^5\varphi_1+2\beta^6\theta\alpha_1^4\varphi_2+\beta^5\theta\alpha_1^2\varphi_3+\beta^4\varphi_4+\beta^3\varphi_5+\beta^2\varphi_6+\beta\varphi_7-3\theta\alpha_1^2\varphi_8)$，$\mathrm{sign}(x_m^{cc}-x_m^{nc})=\mathrm{sign}(8\beta^7\theta^2\alpha_1^4\varphi_9+4\beta^6\theta^2\alpha_1^2\varphi_{10}+2\beta^5\varphi_{11}+2\beta^4\varphi_{12}+\beta^3\varphi_{13}+\beta^2\varphi_{14}+\beta\varphi_{15}-3\varphi_{16})$，$\mathrm{sign}(x_m^{cc}-x_m^{sc})=\mathrm{sign}(-(2\beta^4\varphi_{18}+8\beta^3\varphi_{19}+\beta^2\varphi_{20}+2\beta\varphi_{21}+\varphi_{22}))$。并且，恒有 $8\beta^7\theta^2\alpha_1^4\varphi_9+4\beta^6\theta^2\alpha_1^2\varphi_{10}+2\beta^5\varphi_{11}+2\beta^4\varphi_{12}+\beta^3\varphi_{13}+\beta^2\varphi_{14}+\beta\varphi_{15}-3\varphi_{16}<0$ 以及 $2\beta^4\varphi_{18}+8\beta^3\varphi_{19}+\beta^2\varphi_{20}+2\beta\varphi_{21}+\varphi_{22}>0$，即恒有 $x_m^{cc}<x_m^{nc}$，$x_m^{cc}<x_m^{sc}$。也就是说，与制造商选择完全合作策略相比，制造商选择不合作策略和半合作策略均会提高制造商的减排水平。令 $x_m^{sc}=x_m^{nc}$，有 $\theta=f(\beta)$。

结合上述各模型均有内点解的条件（$\theta<g_2(\beta)$），如图 3-4 所示，当 $f(\beta)<\theta<g_2(\beta)$ 时，有 $x_m^{sc}<x_m^{nc}$，即较之于制造商选择半合作策略，制造商选择不合作策略会提高制造商的减排研发水平；当 $0<\theta<\min(f(\beta),g_2(\beta))$ 时，有 $x_m^{sc}>x_m^{nc}$，即较之于制造商选择半合作策略，制造商选择不合作策略会降低制造商的减排研发水平。因此，综合制造商选择不合作策略、半合作策略和完全合作策略时制造商的减排研发水平比较，可以有如下命题：

命题 1 当 $\theta<g_2(\beta)$ 时，若 $f(\beta)<\theta<g_2(\beta)$，有 $x_m^{cc}<x_m^{sc}<x_m^{nc}$；若 $0<\theta<\min(f(\beta),g_2(\beta))$ 时，有 $x_m^{cc}<x_m^{nc}<x_m^{sc}$。

命题 1 意味着，如果政府对企业实施碳交易政策，完全合作下制造商的减排研发水平最低，不合作与半合作下制造商的减排研发水平不相上下。具体而言，若消费者对低碳产品的偏好程度和减排研发成果的溢出率之间能满足 $f(\beta)<\theta<g_2(\beta)$，不合作策略下制造商的减排研发水平高于半合作策略下制造商的减排研发水平，即与制造商选择不合作策略相比，制造商选择半合作策略和完全合作策略都会降低制造商的减排研发水平，而且制造商选择完全合作策略下制造商的减排研发水平最低。若消费者对低碳产品的偏好程度和减排研发成果的溢出率之间能满足 $0<\theta<\min(f(\beta),$ $g_2(\beta))$，半合作策略下制造商的减排研发水平高于不合作策略下制造商的减排研发水平，即与制造商选择不合作策略相比，制造商选择半合作策略会提高制造商的减排研发水平，制造商选择完全合作策略会降低制造商的减排研发水平。经比较，$0<\theta<\min(f(\beta),g_2(\beta))$ 所占的面积大于 $f(\beta)<\theta<g_2(\beta)$ 所占的面积，即制造商选择半合作策略下制造商获得最高减排研发水平的可能性较大。

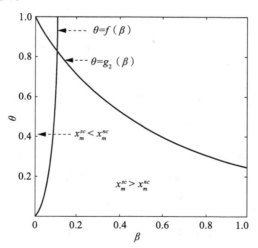

图 3-4　不合作与半合作下制造商的减排研发水平比较

二、净碳排放量比较

记制造商选择不合作策略下制造商 m 的净碳排放量为 $e_m^{nc}=q_m^{nc}-x_m^{nc}-\beta x_n^{nc}$，选择半合作策略下制造商 m 的净碳排放量为 $e_m^{sc}=q_m^{sc}-x_m^{sc}-\beta x_n^{sc}$，选择完

全合作策略下制造商 m 的净碳排放量为 $e_m^{cc}=q_m^{cc}-x_m^{cc}-\beta x_n^{cc}$。根据(3-16)式、(3-18)式、(3-28)式、(3-30)式、(3-42)式和(3-44)式，可以比较政府对企业实施碳交易政策下制造商选择不合作策略、半合作策略与完全合作策略时制造商的净碳排放量，结果如下：

$$\begin{cases} e_m^{sc}-e_m^{nc}=-\alpha_1(2\alpha_1-1)(8\beta^8\theta^3\alpha_1^4\varphi_1+4\beta^7\theta^2\alpha_1^2\varphi_2+2\beta^6\theta\alpha_1^2\varphi_3+\beta^5\varphi_4+ \\ \qquad \beta^4\varphi_5+2\beta^3\varphi_6+\beta^2\varphi_7+\beta\varphi_8-12\theta\alpha_1^2\varphi_9)/(\Delta_1\Delta_2) \\ e_m^{cc}-e_m^{nc}=-(16\beta^8\theta^3\alpha_1^4\varphi_{10}+16\beta^7\theta^2\alpha_1^2\varphi_{11}+4\beta^6\theta\varphi_{12}+2\beta^5\varphi_{13}+ \\ \qquad 2\beta^4\varphi_{14}+\beta^3\varphi_{15}+\beta^2\varphi_{16}+\beta\varphi_{17}-3\varphi_{18})/(2\Delta_1\Delta_3) \\ e_m^{cc}-e_m^{sc}=(1+\beta)^2(2\beta^2+4\beta+3)(\beta^2\theta+2\beta\theta+\theta-1)\varphi_{19}\cdot \\ \qquad (2\beta^2\varphi_{20}+4\beta\varphi_{21}+\varphi_{22})/(2\Delta_2\Delta_3) \end{cases} \qquad (3-49)$$

其中，$\varphi_1,\varphi_2,\cdots,\varphi_{22}$ 的表达式较为复杂，有兴趣的读者可向作者索取。根据(3-49)式，易证明：对任意 $\theta<g_2(\beta)$ 有 $\text{sign}(e_m^{sc}-e_m^{nc})=\text{sign}(-(8\beta^8\theta^3\alpha_1^4\varphi_1+4\beta^7\theta^2\alpha_1^2\varphi_2+2\beta^6\theta\alpha_1^2\varphi_3+\beta^5\varphi_4+\beta^4\varphi_5+2\beta^3\varphi_6+\beta^2\varphi_7+\beta\varphi_8-12\theta\alpha_1^2\varphi_9))$，$\text{sign}(e_m^{cc}-e_m^{nc})=\text{sign}(-(16\beta^8\theta^3\alpha_1^4\varphi_{10}+16\beta^7\theta^2\alpha_1^2\varphi_{11}+4\beta^6\theta\varphi_{12}+2\beta^5\varphi_{13}+2\beta^4\varphi_{14}+\beta^3\varphi_{15}+\beta^2\varphi_{16}+\beta\varphi_{17}-3\varphi_{18}))$，$\text{sign}(e_m^{cc}-e_m^{sc})=\text{sign}(\beta^2\theta+2\beta\theta+\theta-1)$。而且，$8\beta^8\theta^3\alpha_1^4\varphi_1+4\beta^7\theta^2\alpha_1^2\varphi_2+2\beta^6\theta\alpha_1^2\varphi_3+\beta^5\varphi_4+\beta^4\varphi_5+2\beta^3\varphi_6+\beta^2\varphi_7+\beta\varphi_8-12\theta\alpha_1^2\varphi_9>0$ 恒成立，即恒有 $e_m^{sc}<e_m^{nc}$，$e_m^{cc}<e_m^{nc}$，$e_m^{cc}<e_m^{sc}$。也就是说，半合作策略下制造商的净碳排放量低于不合作策略下的，完全合作策略下制造商的净碳排放也低于不合作策略下的，完全合作策略下制造商的净碳排放量还低于半合作策略下的。因此，根据制造商选择不合作策略、半合作策略和完全合作策略时制造商的净碳排放量比较，可以有如下命题：

命题 2 当 $\theta<g_2(\beta)$ 时，恒有 $e_m^{cc}<e_m^{sc}<e_m^{nc}$。

命题 2 意味着，如果政府对企业实施碳交易政策，与制造商选择不合作策略相比，制造商选择半合作策略和完全合作策略都可以降低制造商的净碳排放量，而且制造商选择完全合作策略下制造商的净碳排放量最低，即不合作策略下制造商的净碳排放量最高，完全合作策略下制造商的净碳排放量最低，半合作策略下制造商的净碳排放量介于两者之间。

三、企业利润比较

（一）制造商的利润比较

根据（3-20）式、（3-32）式和（3-46）式，可以比较政府对企业实施碳交易政策下制造商选择不合作策略、半合作策略与完全合作策略时制造商的利润，结果如下：

$$
\begin{cases}
\pi_m^{sc}-\pi_m^{nc}=\alpha_1^2(2\alpha_1-1)\,(64\beta^{16}\theta^5\alpha_1^7\eta_1\eta_2^2-16\beta^{15}\theta^3\alpha_1^5\eta_3-16\beta^{14}\theta^2\alpha_1^3\eta_4-\\
\qquad 4\beta^{13}\theta\alpha_1\eta_5-4\beta^{12}\theta\alpha_1\eta_6-\beta^{11}\eta_7-\beta^{10}\eta_8-\beta^9\eta_9-\beta^8\eta_{10}-\\
\qquad 2\beta^7\eta_{11}-\beta^6\eta_{12}-2\beta^5\eta_{13}-\beta^4\eta_{14}-\beta^3\eta_{15}-\beta^2\eta_{16}-\beta\eta_{17}+\\
\qquad 6\theta\alpha_1\eta_{18})/(2\Delta_1^2\Delta_2^2)\\
\pi_m^{cc}-\pi_m^{nc}=[512\beta^{16}\theta^4\alpha_1^8(\alpha_1+3)^3-64\beta^{15}\theta^4\alpha_1^6\lambda_1-64\beta^{14}\theta^2\alpha_1^4\lambda_2-\\
\qquad 16\beta^{13}\theta^2\alpha_1^2\lambda_3-16\beta^{12}\lambda_4-4\beta^{11}\lambda_5-4\beta^{10}\lambda_6-4\beta^9\lambda_7-\\
\qquad 4\beta^8\lambda_8-\beta^7\lambda_9-\beta^6\lambda_{10}-\beta^5\lambda_{11}-\beta^4\lambda_{12}-\beta^3\lambda_{13}-\beta^2\lambda_{14}-\\
\qquad \beta\lambda_{15}+3\lambda_{16}\lambda_{17}]/(2\Delta_1^2\Delta_3^2)\\
\pi_m^{cc}-\pi_m^{sc}=(1+\beta)^2(2\beta^2+4\beta+3)\nu_1(8\beta^{12}\nu_2+96\beta^{11}\nu_3+4\beta^{10}\nu_4+\\
\qquad 40\beta^9\nu_5+2\beta^8\nu_6+16\beta^7\nu_7+\beta^6\nu_8+2\beta^5\nu_9+\beta^4\nu_{10}+\\
\qquad 4\beta^3\nu_{11}+\beta^2\nu_{12}+2\beta\nu_{13}+\nu_{14})/(2\Delta_2^2\Delta_3^2)
\end{cases}
$$

$$(3-50)$$

其中，$\eta_1,\eta_2,\cdots,\eta_{18}$，$\lambda_1,\lambda_2,\cdots,\lambda_{17}$，$\nu_1,\nu_2,\cdots,\nu_{14}$ 的表达式较为复杂，有兴趣的读者可向作者索取。根据（3-50）式，容易证明：对于任意 $\theta<g_2(\beta)$，恒有 $\mathrm{sign}(\pi_m^{sc}-\pi_m^{nc})=\mathrm{sign}(64\beta^{16}\theta^5\alpha_1^7\eta_1\eta_2^2-6\beta^{15}\theta^3\alpha_1^5\eta_3-16\beta^{14}\theta^2\alpha_1^3\eta_4-4\beta^{13}\theta\alpha_1\eta_5-4\beta^{12}\theta\alpha_1\eta_6-\beta^{11}\eta_7-\beta^{10}\eta_8-\beta^9\eta_9-\beta^8\eta_{10}-2\beta^7\eta_{11}-\beta^6\eta_{12}-2\beta^5\eta_{13}-\beta^4\eta_{14}-\beta^3\eta_{15}-\beta^2\eta_{16}-\beta\eta_{17}+6\theta\alpha_1\eta_{18})$，$\mathrm{sign}(\pi_m^{cc}-\pi_m^{nc})=\mathrm{sign}(512\beta^{16}\theta^4\cdot\alpha_1^8(\alpha_1+3)^3-64\beta^{15}\theta^4\alpha_1^6\lambda_1-64\beta^{14}\theta^2\alpha_1^4\lambda_2-16\beta^{13}\theta^2\alpha_1^2\lambda_3-16\beta^{12}\lambda_4-4\beta^{11}\lambda_5-4\beta^{10}\lambda_6-4\beta^9\lambda_7-$

$4\beta^8\lambda_8 - \beta^7\lambda_9 - \beta^6\lambda_{10} - \beta^5\lambda_{11} - \beta^4\lambda_{12} - \beta^3\lambda_{13} - \beta^2\lambda_{14} - \beta\lambda_{15} + 3\lambda_{16}\lambda_{17})$，$\mathrm{sign}(\pi_m^{cc} - \pi_m^{sc}) =$
$\mathrm{sign}(8\beta^{12}\nu_2 + 96\beta^{11}\nu_3 + 4\beta^{10}\nu_4 + 40\beta^9\nu_5 + 2\beta^8\nu_6 + 16\beta^7\nu_7 + \beta^6\nu_8 + 2\beta^5\nu_9 + \beta^4\nu_{10} + 4\beta^3\nu_{11} +$
$\beta^2\nu_{12} + 2\beta\nu_{13} + \nu_{14})$。而且，$\pi_m^{cc} > \pi_m^{nc}$，$\pi_m^{cc} > \pi_m^{sc}$ 恒成立，即完全合作策略下制造商的利润高于不合作策略下的，也高于半合作策略下的。令 $\pi_m^{sc} = \pi_m^{nc}$，可以求得 $\theta = \rho_1(\beta)$。

结合上述三个模型均有内点解的条件，如图 3-5 所示。当 $\rho_1(\beta) < \theta < g_2(\beta)$ 时，有 $\pi_m^{sc} > \pi_m^{nc}$，即较之于制造商选择不合作策略，制造商选择半合作策略可以增加制造商的利润；当 $0 < \theta < \min(\rho_1(\beta), g_2(\beta))$ 时，有 $\pi_m^{sc} < \pi_m^{nc}$，即较之于制造商选择不合作策略，制造商选择半合作策略会减少制造商的利润。因此，根据制造商选择不合作策略、半合作策略与完全合作策略时制造商的利润比较，可以有如下命题：

命题 3　当 $\theta < g_2(\beta)$ 时，若 $\rho_1(\beta) < \theta < g_2(\beta)$，有 $\pi_m^{nc} < \pi_m^{sc} < \pi_m^{cc}$；若 $0 < \theta < \min(\rho_1(\beta), g_2(\beta))$，有 $\pi_m^{sc} < \pi_m^{nc} < \pi_m^{cc}$。

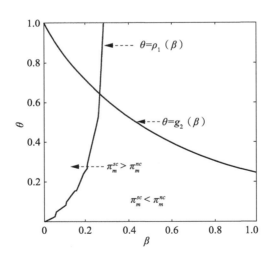

图 3-5　不合作与半合作下制造商的利润比较

命题 3 意味着，如果政府对企业实施碳交易政策，制造商选择完全合作策略下制造商的利润最高，选择不合作策略与半合作策略下制造商的利润不相上下。具体而言，若消费者对低碳产品的偏好程度和减排研发成果的溢出率之间能满足 $\rho_1(\beta)<\theta<g_2(\beta)$，制造商选择半合作策略下的利润高于选择不合作策略下的利润，即较之于不合作策略，制造商选择半合作策略和完全合作策略均可以增加制造商的利润，而且选择完全合作策略制造商的利润更高。若消费者对低碳产品的偏好程度和减排研发成果的溢出率之间能满足 $0<\theta<\min(\rho(\beta),g_2(\beta))$，制造商选择半合作策略下的利润低于选择不合作策略下的利润，即较之于不合作策略，制造商选择半合作策略会降低其利润，选择完全合作策略会增加其利润。经比较，$0<\theta<\min(\rho(\beta),g_2(\beta))$ 所占的面积大于 $\rho_1(\beta)<\theta<g_2(\beta)$ 所占的面积，意味着制造商选择不合作策略下制造商获得的利润有较大可能性高于选择半合作策略下获得的利润。

（二）零售商的利润比较

根据（3-21）式、（3-33）式和（3-47）式，可以比较政府对企业实施碳交易政策下制造商选择不合作策略、半合作策略与完全合作策略时零售商的利润，结果如下：

$$\begin{cases} \pi_r^{sc}-\pi_r^{nc}=\alpha_1^3(\alpha_1+1)(2\alpha_1-1)^2(8\beta^8\theta^2\alpha_1^3\upsilon_1+16\beta^7\theta\upsilon_2+4\beta^6\theta\upsilon_3+\beta^5\upsilon_4+\beta^4\upsilon_5+ \\ \qquad 2\beta^3\upsilon_6+\beta^2\upsilon_7+\beta\upsilon_8-18\theta\upsilon_9)(8\beta^8\theta^2\alpha_1^4\upsilon_1-8\beta^7\alpha_1^2\theta\upsilon_{10}-4\beta^6\upsilon_{11}+ \\ \qquad \beta^5\upsilon_{12}+\beta^4\upsilon_{13}+2\beta^3\upsilon_{14}+\beta^2\upsilon_{15}+\beta\upsilon_{16}+6\upsilon_{17})/(2\Delta_1^2\Delta_2^2) \\ \pi_r^{cc}-\pi_r^{nc}=(\alpha_1+1)\left[32(\alpha_1+3)\beta^8\theta^2\alpha_1^4+8\beta^7\theta^2\alpha_1^2\zeta_1+4\beta^6\zeta_2-2\beta^5\zeta_3-2\beta^4\zeta_4- \right. \\ \qquad \left. \beta^3\zeta_5-\beta^2\zeta_6-\beta\zeta_7-9\zeta_8\right]\left[32(\alpha_1+3)\beta^8\theta^2\alpha_1^4-8\theta\alpha_1^2\beta^7\zeta_9-4\beta^6\zeta_{10}+ \right. \\ \qquad \left. \beta^5\zeta_{11}+\beta^4\zeta_{12}+\beta^3\zeta_{13}+\beta^2\zeta_{14}+\beta\zeta_{15}+3\zeta_{16}\right]/(2\Delta_1^2\Delta_3^2) \\ \pi_r^{cc}-\pi_r^{sc}=(1+\beta)^2(2\beta^2+4\beta+3)^3(\alpha_1+1)\sigma_1(\beta^2\sigma_2+2\beta\sigma_3+\sigma_4)(2\beta^6\sigma_5+ \\ \qquad 12\beta^5\sigma_6+\beta^4\sigma_7+4\beta^3\sigma_8+\beta^2\sigma_9+\beta\sigma_{10}+\sigma_{11})/(2\Delta_2^2\Delta_3^2) \end{cases}$$

$$(3-51)$$

其中，$\upsilon_1,\upsilon_2,\cdots,\upsilon_{17},\zeta_1,\zeta_2,\cdots,\zeta_{16},\sigma_1,\sigma_2,\cdots,\sigma_{11}$ 的表达式较为复杂，有兴趣的读者可向作者索取。根据（3-51）式，容易证明：对于任意 $\theta<g_2(\beta)$，

有 $\text{sign}(\pi_r^{sc}-\pi_r^{nc})=\text{sign}((8\beta^8\theta^2\alpha_1^3v_1+16\beta^7\theta v_2+4\beta^6\theta v_3+\beta^5 v_4+\beta^4 v_5+2\beta^3 v_6+\beta^2 v_7+\beta v_8-18\theta v_9)(8\beta^8\theta^2\alpha_1^4 v_1-8\beta^7\alpha_1^2\theta v_{10}-4\beta^6 v_{11}+\beta^5 v_{12}+\beta^4 v_{13}+2\beta^3 v_{14}+\beta^2 v_{15}+\beta v_{16}+6v_{17}))$，$\text{sign}(\pi_r^{cc}-\pi_r^{nc})=\text{sign}(((32(\alpha_1+3)\beta^8\theta^2\alpha_1^4+8\beta^7\cdot\theta^2\alpha_1^2\zeta_1+4\beta^6\zeta_2-2\beta^5\zeta_3-2\beta^4\zeta_4-\beta^3\zeta_5-\beta^2\zeta_6-\beta\zeta_7-9\zeta_8)(32(\alpha_1+3)\beta^8\theta^2\alpha_1^4-8\theta\alpha_1^2\beta^7\zeta_9-4\beta^6\zeta_{10}+\beta^5\zeta_{11}+\beta^4\zeta_{12}+\beta^3\zeta_{13}+\beta^2\zeta_{14}+\beta\zeta_{15}+3\zeta_{16})))$，$\text{sign}(\pi_r^{cc}-\pi_r^{sc})=\text{sign}(2\beta^6\sigma_5+12\cdot 12\beta^5\sigma_6+\beta^4\sigma_7+4\beta^3\sigma_8+\beta^2\sigma_9+\beta\sigma_{10}+\sigma_{11})$。而且，$32(\alpha_1+3)\beta^8\theta^2\alpha_1^4+8\beta^7\theta^2\alpha_1^2\zeta_1+4\beta^6\zeta_2-2\beta^5\zeta_3-2\beta^4\zeta_4-\beta^3\zeta_5-\beta^2\zeta_6-\beta\zeta_7-9\zeta_8<0$，$32(\alpha_1+3)\beta^8\theta^2\alpha_1^4-8\theta\alpha_1^2\beta^7\zeta_9-4\beta^6\zeta_{10}+\beta^5\zeta_{11}+\beta^4\zeta_{12}+\beta^3\zeta_{13}+\beta^2\zeta_{14}+\beta\zeta_{15}+3\zeta_{16}>0$ 恒成立，即有 $\pi_r^{cc}<\pi_r^{nc}$。这就是说，制造商选择完全合作策略下零售商的利润低于制造商选择不合作策略下零售商的利润。此外，$\beta^2\sigma_2+2\beta\sigma_3+\sigma_4>0$，$2\beta^6\sigma_5+12\beta^5\sigma_6+\beta^4\sigma_7+4\beta^3\sigma_8+\beta^2\sigma_9+\beta\sigma_{10}+\sigma_{11}<0$ 恒成立，即有 $\pi_r^{cc}<\pi_r^{sc}$。这就是说，制造商选择完全合作策略下零售商的利润低于制造商选择半合作策略下零售商的利润。令 $\pi_r^{sc}=\pi_r^{nc}$，可求得 $\theta=\rho_2(\beta)$。

结合上述三个模型均有内点解的条件，如图3-6所示，当 $\rho_2(\beta)<\theta<g_2(\beta)$ 时，有 $\pi_r^{sc}<\pi_r^{nc}$，即较之于不合作策略，制造商选择半合作策略会降低零售商的利润；当 $0<\theta<\min(\rho_2(\beta),g_2(\beta))$ 时，有 $\pi_r^{sc}>\pi_r^{nc}$，即较之于不合作策略，制造商选择半合作策略可以增加零售商的利润。因此，根据制造商选择不合作策略、半合作策略与完全合作策略时零售商的利润比较，可以有如下命题：

命题4 当 $\theta<g_2(\beta)$ 时，若 $\rho_2(\beta)<\theta<g_2(\beta)$，有 $\pi_r^{cc}<\pi_r^{sc}<\pi_r^{nc}$；若 $0<\theta<\min(\rho_2(\beta),g_2(\beta))$，有 $\pi_r^{cc}<\pi_r^{nc}<\pi_r^{sc}$。

命题4意味着，如果政府对企业实施碳交易政策，制造商选择完全合作策略下零售商的利润总是最低的，选择不合作策略与半合作策略下零售商的利润不相上下。具体而言，若消费者对低碳产品的偏好程度和减排研发成果的溢出率之间能满足 $\rho_2(\beta)<\theta<g_2(\beta)$，制造商选择不合作策略下零售商的利润高于制造商选择半合作策略下的零售商的利润，即较之于不合作策略，制造商选择半合作策略和完全合作策略均会降低零售商的利润，

而且制造商选择完全合作策略下零售商的利润更低。若消费者对低碳产品的偏好程度和减排研发成果的溢出率之间能满足 $0 < \theta < \min(\rho_2(\beta), g_2(\beta))$，制造商选择不合作策略下零售商的利润低于制造商选择半合作策略下零售商的利润，即较之于不合作策略，制造商选择半合作策略会增加零售商的利润，选择完全合作策略会降低零售商的利润。相对而言，$0 < \theta < \min(\rho_2(\beta), g_2(\beta))$ 所占的面积大于 $\rho_2(\beta) < \theta < g_2(\beta)$ 所占的面积。这就意味着，制造商选择半合作策略下零售商的利润有较大可能性高于制造商选择不合作策略下零售商的利润。

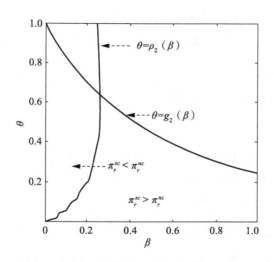

图 3-6　不合作与半合作下零售商的利润比较

（三）供应链的利润比较

记制造商选择不合作策略下供应链的利润为 $\pi^{nc} = \pi_1^{nc} + \pi_2^{nc} + \pi_r^{nc}$，选择半合作策略下供应链的利润为 $\pi^{sc} = \pi_1^{sc} + \pi_2^{sc} + \pi_r^{sc}$，选择完全合作策略下供应链的利润为 $\pi^{cc} = \pi_1^{cc} + \pi_2^{cc} + \pi_r^{cc}$。根据（3-20）式、（3-21）式、（3-32）式、（3-33）式、（3-46）式和（3-47）式，可以比较政府对企业实施碳交易政策下制造商选择不合作策略、半合作策略与完全合作策略时供应链的利润，结果如下：

$$\begin{cases} \pi^{sc}-\pi^{nc}=\alpha_1^2(2\alpha_1-1)\,(64\beta^{16}\theta^4\alpha_1^7\mu_1\mu_2^2-32\beta^{15}\theta^3\alpha_1^5\mu_3-64\beta^{14}\theta^2\alpha_1^3\mu_4- \\ \qquad 8\beta^{13}\theta^2\alpha_1\mu_5-8\beta^{12}\theta\alpha_1\mu_6-2\beta^{11}\theta\mu_7+\beta^{10}\mu_8+2\beta^9\mu_9+\beta^8\mu_{10}+ \\ \qquad 4\beta^7\mu_{11}+2\beta^6\mu_{12}+4\beta^5\mu_{13}+\beta^4\mu_{14}+2\beta^3\mu_{15}+\beta^2\mu_{16}+2\beta\mu_{17}+ \\ \qquad 12\theta\alpha_1\mu_{18})\big/(2\Delta_1^2\Delta_2^2) \\ \pi^{cc}-\pi^{nc}=(2048\beta^{16}\theta^4\alpha_1^8(\alpha_1+2)(\alpha_1+3)^2-128\beta^{15}\theta^3\alpha_1^6\xi_1-64\beta^{14}\theta^2\alpha_1^4\xi_2- \\ \qquad 32\beta^{13}\theta\alpha_1^2\xi_3-16\beta^{12}\xi_4-8\beta^{11}\xi_5+4\beta^{10}\xi_6+8\beta^9\xi_7+4\beta^8\xi_8+ \\ \qquad 2\beta^7\xi_9+\beta^6\xi_{10}+2\beta^5\xi_{11}+\beta^4\xi_{12}+2\beta^3\xi_{13}+\beta^2\xi_{14}+2\beta\xi_{15}+ \\ \qquad 3\xi_{16}\xi_{17})\big/(2\Delta_1^2\Delta_3^2) \\ \pi^{cc}-\pi^{sc}=(1+\beta)^2(2\beta^2+4\beta+3)\zeta_1(8\beta^{12}\zeta_2+96\beta^{11}\zeta_3+4\beta^{10}\zeta_4+40\beta^9\zeta_5+ \\ \qquad 2\beta^8\zeta_6+16\beta^7\zeta_7+\beta^6\zeta_8+2\beta^5\zeta_9+\beta^4\zeta_{10}+4\beta^3\zeta_{11}+\beta^2\zeta_{12}+ \\ \qquad 2\beta\zeta_{13}+\zeta_{14})\big/(2\Delta_2^2\Delta_3^2) \end{cases}$$

$$(3-52)$$

其中，$\mu_1,\mu_2,\cdots,\mu_{18},\xi_1,\xi_2,\cdots,\xi_{17},\zeta_1,\zeta_2,\cdots,\zeta_{14}$ 的表达式较为复杂，有兴趣的读者可向作者索取。根据(3-52)式，容易证明：对于任意 $\theta<g_2(\beta)$ 有 $\mathrm{sign}(\pi^{sc}-\pi^{nc})=\mathrm{sign}(64\beta^{16}\theta^4\alpha_1^7\mu_1\mu_2^2+-32\beta^{15}\theta^3\alpha_1^5\mu_3-64\beta^{14}\theta^2\alpha_1^3\mu_4-8\beta^{13}\theta^2\alpha_1\mu_5-8\beta^{12}\theta\alpha_1\mu_6-2\beta^{11}\theta\mu_7+\beta^{10}\mu_8+2\beta^9\mu_9+\beta^8\mu_{10}+4\beta^7\mu_{11}+2\beta^6\mu_{12}+4\beta^5\mu_{13}+\beta^4\mu_{14}+2\beta^3\mu_{15}+\beta^2\mu_{16}+2\beta\mu_{17}+12\theta\alpha_1\mu_{18})$，$\mathrm{sign}(\pi^{cc}-\pi^{nc})=\mathrm{sign}(2\,048\beta^{16}\theta^4\alpha_1^8(\alpha_1+2)(\alpha_1+3)^2-128\beta^{15}\theta^3\alpha_1^6\xi_1-64\beta^{14}\theta^2\alpha_1^4\xi_2-32\beta^{13}\theta\alpha_1^2\xi_3-16\beta^{12}\xi_4-8\beta^{11}\xi_5+4\beta^{10}\xi_6+8\beta^9\xi_7+4\beta^8\xi_8+2\beta^7\xi_9+\beta^6\xi_{10}+2\beta^5\xi_{11}+\beta^4\xi_{12}+2\beta^3\xi_{13}+\beta^2\xi_{14}+2\beta\xi_{15}+3\xi_{16}\xi_{17})$，$\mathrm{sign}(\pi^{cc}-\pi^{sc})=\mathrm{sign}(8\beta^{12}\zeta_2+96\beta^{11}\zeta_3+4\beta^{10}\zeta_4+40\beta^9\zeta_5+2\beta^8\zeta_6+16\beta^7\zeta_7+\beta^6\zeta_8+2\beta^5\zeta_9+\beta^4\zeta_{10}+4\beta^3\zeta_{11}+\beta^2\zeta_{12}+2\beta\zeta_{13}+\zeta_{14})$。而且，由于 $2\,048\beta^{16}\theta^4\alpha_1^8(\alpha_1+2)(\alpha_1+3)^2-128\beta^{15}\theta^3\alpha_1^6\xi_1-64\beta^{14}\theta^2\alpha_1^4\xi_2-32\beta^{13}\theta\alpha_1^2\xi_3-16\beta^{12}\xi_4-8\beta^{11}\xi_5+4\beta^{10}\xi_6+8\beta^9\xi_7+4\beta^8\xi_8+2\beta^7\xi_9+\beta^6\xi_{10}+2\beta^5\xi_{11}+\beta^4\xi_{12}+2\beta^3\xi_{13}+\beta^2\xi_{14}+2\beta\xi_{15}+3\xi_{16}\xi_{17}<0$，$8\beta^{12}\zeta_2+96\beta^{11}\zeta_3+4\beta^{10}\zeta_4+40\beta^9\zeta_5+2\beta^8\zeta_6+16\beta^7\zeta_7+\beta^6\zeta_8+2\beta^5\zeta_9+\beta^4\zeta_{10}+4\beta^3\zeta_{11}+\beta^2\zeta_{12}+2\beta\zeta_{13}+\zeta_{14}<0$，因此，恒有 $\pi^{cc}<\pi^{nc}$ 和 $\pi^{cc}<\pi^{sc}$，即制造商选择完全合作策略下供应链的利润低于不合作

策略下供应链的利润，也低于半合作策略下供应链的利润。令 $\pi^{sc}=\pi^{nc}$，可以求得 $\theta=\rho_3(\beta)$。

结合上述三个模型均有内点解的条件，如图 3-7 所示，当 $0<\theta<\min(\rho_3(\beta), g_2(\beta))$ 时，有 $\pi^{sc}<\pi^{nc}$，即制造商选择半合作策略下供应链的利润低于制造商选择不合作策略下供应链的利润；当 $\rho_3(\beta)<\theta<g_2(\beta)$ 时，有 $\pi^{sc}>\pi^{nc}$，即制造商选择半合作策略下供应链的利润高于制造商选择不合作策略下供应链的利润。因此，根据制造商选择不合作策略、半合作策略与完全合作策略时供应链的利润比较，可以有如下命题：

命题 5 当 $\theta<g_2(\beta)$ 时，若 $0<\theta<\min(\rho_3(\beta), g_2(\beta))$，有 $\pi^{cc}<\pi^{sc}<\pi^{nc}$；若 $\rho_3(\beta)<\theta<g_2(\beta)$，有 $\pi^{cc}<\pi^{nc}<\pi^{sc}$。

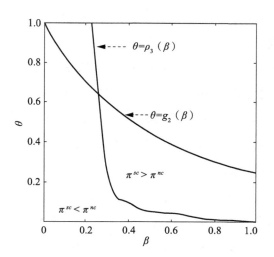

图 3-7 不合作与半合作下供应链的利润比较

命题 5 意味着，如果政府对企业实施碳交易政策，制造商选择完全合作策略下供应链的利润最低，选择不合作策略与半合作策略下供应链的利润不相上下。具体而言，若消费者对低碳产品的偏好程度和减排研发成果的溢出率之间能满足 $0<\theta<\min(\rho_3(\beta), g_2(\beta))$，制造商选择不合作策略下供应链的利润高于制造商选择半合作策略下供应链的利润，即较之于不合作策略，制造商选择半合作策略和完全合作策略均会降低供应链的利润，

而且制造商选择完全合作策略下供应链的利润更低。若消费者对低碳产品的偏好程度和减排研发成果的溢出率之间能满足 $\rho_3(\beta)<\theta<g_2(\beta)$，制造商选择不合作策略下供应链的利润低于制造商选择半合作策略下供应链的利润，即较之于不合作策略，制造商选择半合作策略下供应链的利润较高，制造商选择完全合作策略下供应链的利润较低。相对而言，由于 $0<\theta<\min(\rho_3(\beta),g_2(\beta))$ 所占的面积大于 $\rho_3(\beta)<\theta<g_2(\beta)$ 所占的面积，即制造商选择不合作策略下供应链的利润有较大可能性高于制造商选择半合作策略下供应链的利润。

四、综合比较

综合比较制造商的减排研发水平、净碳排放量和利润、零售商的利润以及供应链的利润，可以发现：对任意 $\theta<g_2(\beta)$，$x_m^{cc}<x_m^{nc}$，$x_m^{cc}<x_m^{sc}$，$e_m^{cc}<e_m^{sc}<e_m^{nc}$，$\pi_m^{nc}<\pi_m^{cc}$，$\pi_m^{sc}<\pi_m^{cc}$，$\pi_r^{cc}<\pi_r^{nc}$ 和 $\pi_r^{cc}<\pi_r^{sc}$，$\pi^{cc}<\pi^{nc}$，$\pi^{cc}<\pi^{sc}$ 恒成立，即与不合作策略和半合作策略相比，制造商选择完全合作策略下制造商的减排研发水平和净碳排放量、零售商的利润以及供应链的利润均较低，制造商的利润较高；与制造商选择不合作策略相比，制造商选择半合作策略下制造商的净碳排放量较低。

当 $f(\beta)<\theta<g_2(\beta)$ 时（图3-8Ⅰ区），有 $x_m^{nc}>x_m^{sc}$，$\pi_m^{nc}<\pi_m^{sc}$，$\pi_r^{nc}>\pi_r^{sc}$，$\pi^{nc}>\pi^{sc}$，即与不合作策略相比，制造商选择半合作策略下制造商的减排研发水平、零售商的利润和供应链的利润均较低，但制造商的利润较高。

当 $\rho_1(\beta)<\theta<\min(f(\beta),g_2(\beta))$ 时（图3-8Ⅱ区），有 $x_m^{nc}<x_m^{sc}$ 和 $\pi_m^{nc}<\pi_m^{sc}$，$\pi_r^{nc}>\pi_r^{sc}$，$\pi^{nc}>\pi^{sc}$，即与不合作策略相比，制造商选择半合作策略下制造商的减排研发水平和利润均较高，但零售商的利润和供应链的利润均较低。

当 $\rho_2(\beta)<\theta<\rho_1(\beta)$ 时（图3-8Ⅲ区），有 $x_m^{nc}<x_m^{sc}$，$\pi_m^{nc}>\pi_m^{sc}$，$\pi_r^{nc}>\pi_r^{sc}$，$\pi^{nc}>\pi^{sc}$，即与不合作策略相比，制造商选择半合作策略下制造商的减排研发水平较高，制造商的利润、零售商的利润和供应链的利润均较低。

当 $0<\theta<\min(\rho_2(\beta),\rho_3(\beta))$ 时（图3-8Ⅳ区），有 $x_m^{nc}<x_m^{sc}$，$\pi_m^{nc}>\pi_m^{sc}$，$\pi_r^{nc}<$

π_r^{sc}，$\pi^{nc} > \pi^{sc}$，即与不合作策略相比，制造商选择半合作策略下制造商的减排研发水平和零售商的利润均较高，但制造商的利润和供应链的利润均较低。

当 $\rho_3(\beta) < \theta < g_2(\beta)$ 时（图 3-8 V 区），有 $x_m^{nc} < x_m^{sc}$，$\pi_m^{nc} > \pi_m^{sc}$，$\pi_r^{nc} < \pi_r^{sc}$，$\pi^{nc} < \pi^{sc}$，即与不合作策略相比，制造商选择半合作策略下制造商的减排研发水平、零售商的利润和供应链的利润均较高，但制造商的利润较低。

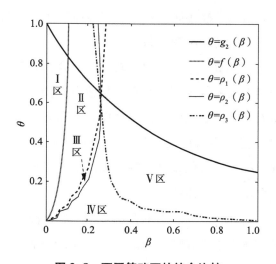

图 3-8　不同策略下的综合比较

因此，根据制造商选择不合作策略、半合作策略与完全合作策略时制造商的减排研发水平、制造商的净碳排放量、制造商的利润、零售商的利润以及供应链的利润比较，可以有如下命题：

命题 6　当 $\theta < g_2(\beta)$ 时，若 $f(\beta) < \theta < g_2(\beta)$，有 $x_m^{nc} > x_m^{sc} > x_m^{cc}$，$e_m^{nc} > e_m^{sc} > e_m^{cc}$，$\pi_m^{nc} < \pi_m^{sc} < \pi_m^{cc}$，$\pi_r^{nc} > \pi_r^{sc} > \pi_r^{cc}$，$\pi^{nc} > \pi^{sc} > \pi^{cc}$；若 $\rho_1(\beta) < \theta < \min(f(\beta)$，$g_2(\beta))$，有 $x_m^{cc} < x_m^{nc} < x_m^{sc}$ 和 $e_m^{nc} > e_m^{sc} > e_m^{cc}$，$\pi_m^{nc} < \pi_m^{sc} < \pi_m^{cc}$，$\pi_r^{nc} > \pi_r^{sc} > \pi_r^{cc}$，$\pi^{nc} > \pi^{sc} > \pi^{cc}$；若 $\rho_2(\beta) < \theta < \rho_1(\beta)$，有 $x_m^{cc} < x_m^{nc} < x_m^{sc}$，$e_m^{nc} > e_m^{sc} > e_m^{cc}$，$\pi_m^{cc} > \pi_m^{nc} > \pi_m^{sc}$，$\pi_r^{nc} > \pi_r^{sc} > \pi_r^{cc}$，$\pi^{nc} > \pi^{sc} > \pi^{cc}$；若 $0 < \theta < \min(\rho_2(\beta)$，$\rho_3(\beta))$，有 $x_m^{cc} < x_m^{nc} < x_m^{sc}$，$e_m^{nc} > e_m^{sc} > e_m^{cc}$，$\pi_m^{cc} > \pi_m^{nc} > \pi_m^{sc}$，$\pi_r^{cc} < \pi_r^{nc} < \pi_r^{sc}$，$\pi^{nc} > \pi^{sc} > \pi^{cc}$；若 $\rho_3(\beta) < \theta < g_2(\beta)$，有 $x_m^{cc} < x_m^{nc} < x_m^{sc}$，

$e_m^{nc}>e_m^{sc}>e_m^{cc}$，$\pi_m^{cc}>\pi_m^{nc}>\pi_m^{sc}$，$\pi_r^{cc}<\pi_r^{nc}<\pi_r^{sc}$，$\pi^{cc}<\pi^{nc}<\pi^{sc}$。

命题 6 意味着，无论制造商之间如何选择，无法同时提高制造商的自主减排研发水平、制造商的利润、零售商的利润和供应链的利润以及降低制造商的净碳排放量。当 $f(\beta)<\theta<g_2(\beta)$ 时，较之于不合作策略，制造商选择半合作策略和完全合作策略均会降低制造商的减排研发水平和净碳排放量、零售商的利润和供应链的利润，增加制造商的利润，而且制造商选择完全合作策略下制造商的减排研发水平和净碳排放量、零售商的利润和供应链的利润更低，制造商的利润更高。

当 $\rho_1(\beta)<\theta<\min(f(\beta),g_2(\beta))$ 时，较之于不合作策略，制造商选择半合作策略会增加制造商的减排研发水平；制造商选择完全合作策略会降低制造商的减排研发水平；制造商选择半合作策略和完全合作策略均会降低制造商的净碳排放量、零售商的利润和供应链的利润，增加制造商的利润，而且制造商选择完全合作策略下制造商的净碳排放量、零售商的利润和供应链的利润更低，制造商的利润更高。

当 $\rho_2(\beta)<\theta<\rho_1(\beta)$ 时，较之于不合作策略，制造商选择半合作策略会增加制造商的减排研发水平和降低制造商的利润；制造商选择完全合作策略会降低制造商的减排研发水平和增加制造商的利润；制造商选择半合作策略和完全合作策略均会降低制造商的净碳排放量、零售商的利润和供应链的利润，而且制造商选择完全合作策略下制造商的净碳排放量、零售商的利润和供应链的利润更低。

当 $0<\theta<\min(\rho_2(\beta),\rho_3(\beta))$ 时，较之于不合作策略，制造商选择半合作策略会增加制造商的减排研发水平和零售商的利润，降低制造商的利润；制造商选择完全合作策略会降低制造商的减排研发水平和零售商的利润，增加制造商的利润；制造商选择半合作策略和完全合作策略均会降低制造商的净碳排放量和供应链的利润，而且制造商选择完全合作策略下制造商的净碳排放量和供应链的利润更低。

当 $\rho_3(\beta)<\theta<g_2(\beta)$ 时，较之于不合作策略，制造商选择半合作策略会

增加制造商的减排研发水平、零售商的利润和供应链的利润，降低制造商的利润；制造商选择完全合作策略会降低制造商的减排研发水平、零售商的利润和供应链的利润，增加制造商的利润；制造商选择不合作策略和完全合作策略均会降低制造商的净碳排放量，而且制造商选择完全合作策略下制造商的净碳排放量更低。

相比较而言，$\rho_3(\beta) < \theta < g_2(\beta)$ 所占的面积最大，即与不合作策略相比，制造商选择半合作策略下制造商的减排研发水平、零售商的利润和供应链的利润均较高的可能性最大，制造商的利润较低的可能性最大。

第四节　结　论

本章以两个制造商和一个零售商组成的两级供应链为研究对象，并考虑到消费者低碳产品偏好，政府对企业实施碳交易政策，制造商之间可以选择不合作（不进行减排研发合作）、半合作（仅进行减排研发合作）和完全合作（同时进行减排研发合作和定价合作），构建了政府确定免费分配的初始碳排放配额、制造商确定研发水平、制造商确定产品的批发价格以及零售商确定产品的零售价格的四阶段动态博弈模型。本章运用逆向归纳法求得各博弈模型的均衡解，并比较了制造商选择不同策略下减排研发水平、净碳排放量和企业利润。研究结果表明：制造商选择完全合作策略下制造商的减排研发水平是最低的，不合作策略与半合作策略下制造商的减排研发水平不分上下；制造商选择不合作策略下制造商的净碳排放量是最高的，完全合作策略下制造商的净碳排放量是最低的，半合作策略下制造商的净碳排放量介于不合作策略与完全合作策略之间；制造商选择完全合作策略下制造商的利润是最高的，不合作策略与半合作策略下制造商的利润不分上下；制造商选择完全合作策略下零售商的利润和供应链的利润均是最低的，不合作策略与半合作策略下零售商的利润和供应链的利润也各自不分上下。

综合来看，制造商选择不合作策略下制造商的净碳排放量总是最高的；完全合作策略下制造商的减排研发水平、零售商的利润和供应链的利润均总是最低的，制造商的利润总是最高的；半合作策略下制造商的净碳排放量介于不合作策略与完全合作策略之间；不合作策略下制造商的减排研发水平和利润、零售商的利润和供应链的利润分别与半合作策略的不分上下。总体上看，半合作策略下制造商的减排研发水平、零售商的利润和供应链的利润是较高的可能性最大，制造商的利润是较低的可能性最大。

第四章　减排研发补贴政策与两级
供应链减排研发的效果

　　除了碳税政策和碳交易政策外，减排研发补贴也可以解决环境污染的外部效应。与碳税政策相比，补贴更能增加社会福利（Galinato and Yoder，2010），更能刺激企业减排（曹斌斌等，2018）。学术界对减排补贴持有不同的看法。反对者认为减排补贴与"污染者负责治理"的原则相抵触，没有环境税有效（Fredriksson，1998），甚至会加重环境污染（Kohn，1992；Barde and Honkatukia，2004）。支持者认为减排补贴有利于激发企业研发和采用清洁生产技术，降低社会的总体环境污染（Stranlund，1997）。Fischer 等（2012）构建了包含上下游产业的模型，发现政府补贴上游企业不仅会降低减排技术的转让价格，还不会造成碳排放在国家间的转移，而补贴下游企业既会提高减排技术的转让价格，还会造成碳排放在国家间的"泄漏"现象。在实践中，OECD 国家基本上都对包括农渔业、能源、工业制造业及交通运输业等污染密集型产业进行了大量补贴（Barde and Honkatukia，2004）。20 世纪中期，针对上述行业的减排补贴约占同期世界 GDP 的 3.6%（Beers et. al，2001），中国在 1993 年的相应补贴支出也占到了当年 GDP 的 6.8%（Brandt and Zhu，2000）。2009 年，国家发展改革委、工信部和财政部联合实施"节能产品惠民工程"，即对 1 级或 2 级以上能效等级的十大类高效节能产品提供财政补贴，以抵消节能产品生产商在技术研发等方面的部分投入（王道平等，2019a）。

第一节 文献综述

一、减排研发补贴与产业内研发的研究

多数学者研究了封闭经济中减排研发补贴与产业内研发。沈满洪（1998）区分出三种补贴政策：对产生正外部性者予以补贴，对负外部性减少者予以补贴和对负外部性行为中的受害者予以补贴，并从成本收益进行了比较，发现各种补贴政策均有利有弊，未必能找到最优政策。

Kelly（2009）区分出排放补贴、利率补贴和直接的现金补贴，运用一般均衡模型发现，利率补贴和直接的现金补贴可以有效降低碳排放量，但排放补贴对环境的损害最严重。

孟卫军（2010a）考虑双寡头企业，构建了减排研发竞争的博弈模型和减排研发合作的博弈模型。研究发现：与减排研发竞争相比，在补贴条件下，减排研发合作会增加社会福利；如果产业的溢出率较小，减排研发合作会增加企业的利润；如果产业的溢出率较大，减排研发合作会降低企业的利润。

孟卫军（2010b）考虑双寡头企业，构建了政府对企业减排研发实施补贴的博弈模型和鼓励合作的博弈模型。研究发现：当排放税的税率较低时，政府会选择提供减排研发补贴，但是当排放税的税率较高时，政府会选择对减排研发实施征税。当排放税的税率较低时，合作研发下的减排研发水平和利润低于补贴下的减排研发水平和利润；当排放税的税率较高时，合作研发下的减排研发水平和利润高于补贴下的减排研发水平和利润。

宋之杰和孙其龙（2012）考虑双寡头企业，构建了减排研发补贴与污染排放税下的企业研发模型。研究发现：政府提供的减排研发补贴有利于提高企业的减排研发水平和产量，可以在较大程度上提高企业研发投

入的积极性。

曹国华等(2013)考虑双寡头企业,分别构建了政府补贴企业的生产工艺研发和减排研发、企业合作的博弈模型。结果表明:与合作政策相比,当排放税的税率小于临界税率时,补贴政策下的减排研发水平较高;当排放税的税率超过临界税率时,补贴政策下的减排研发水平较低。

游达明和朱桂菊(2014)考虑双寡头企业,构建了政府提供减排研发补贴、制造商选择减排研发形式和确定研发水平以及产量的博弈模型。研究发现:研发竞争、研发卡特尔和 RJV 卡特尔下,研发补贴均有利于促进企业减排;技术溢出水平、单位排污费用和环境损害系数对不同研发模式的效果有较大差异。

杨仕辉和王麟凤(2015)考虑双寡头企业,构建了政府提供减排研发补贴、企业确定减排研发水平和产量水平的博弈模型。结果表明:政府提供减排研发补贴后,企业的减排研发水平和社会福利均会增加,单位产品的污染排放会下降。

李冬冬和杨晶玉(2015)考虑一个原有企业和一个新进入企业,研究了排污权交易下有无减排研发补贴的效果。结果表明:与没有减排研发补贴政策相比,政府提供减排研发补贴会降低污染排放水平,可以增加企业利润,政府确定合理的减排研发补贴水平有利于增加社会福利。

邓学衷(2017)考虑多个相同企业,建立了政府只征收环境税以及同时使用环境税和减排补贴的博弈模型。研究发现:当减排补贴在财务上能使用企业的初始投资达到均衡点的临界值时,可以提高企业的减排研发水平。

徐朗等(2017)考虑双寡头企业生产差异化产品,构建了政府不补贴制造商、补贴制造商减排投入、补贴制造商生产产量的博弈模型。比较后发现:政府补贴可以有效增加制造商的利润,投入补贴下的最优补贴率与研发溢出率呈正相关关系,产量补贴下的最优补贴率与研发溢出呈 U 形关系,两种补贴下的最优补贴率与产品差异性呈负相关关系。

李冬冬和杨晶玉（2019）考虑双寡头企业，将减排研发区分为清洁工艺治污模式（降低单位产品的碳排放量）和末端治污模式（降低碳排放总量），并比较了有无减排研发补贴下两种治污模式的效果。结果表明：无补贴政策下任何一种治污模式都不能实现经济和环境的双赢，但是政府实施减排研发补贴政策后，企业的减排研发水平、利润和社会福利均会增加。

少数学者研究了开放经济中减排研发补贴与产业内研发。何欢浪和岳咬兴（2009）考虑两个企业位于两个国家的企业生产同种产品，比较了只使用环境税以及同时使用环境税和减排补贴的效果。结果表明：政府提供减排补贴前后的环境税的税率都低于边际环境损害，但是政府提供减排补贴后环境税的税率较高。

侯玉梅等（2016）考虑发达国家和发展中国家组成的开放经济，构建了发达国家征收碳关税和发展中国家提供减排研发补贴的博弈模型，发现减排研发补贴可以促进企业的减排行为，随着减排补贴率的增加，发展中国家企业的减排率也会增加。

占华（2016）考虑两个国家构成的开放经济，各国各有一个生产最终产品的企业和一个生产节能减排设备的企业，研究了政府对减排研发补贴的效果。研究发现：各国提高研发补贴均会降低设备和最终产品的价格；本国政府提高研发补贴会增加本国设备生产企业的产量，外国政府提高研发补贴会降低本国设备生产企业的产量；本国政府和外国政府同等程度地提高研发补贴会引起国内外污染排放量同等程度的下降。

二、减排研发补贴与供应链研发的研究

部分学者以单个制造商和单个零售商组成的两级供应链为研究对象。李友东和赵道致（2014）分别构建了制造商和零售商纳什博弈模型和斯塔克尔伯格博弈模型。研究发现：纳什博弈模型中，制造商和零售商都会进行减排研发，而且随着各自的减排成本投入的增加，政府的补贴会越来越

高；在斯塔克尔伯格博弈模型中，制造商的减排成本与政府补贴的比例成正相关；当生产技术水平等的综合评价高于 1 时，斯塔克尔伯格博弈模型中制造商的减排研发水平更高。

李友东等（2014）分别构建了纳什博弈，制造商或零售商主导模型，供应链集中决策的三种博弈模型。经比较发现：纳什博弈模型下供应链的利润最大，集中决策模型下供应链的利润最小，零售商或制造商主导模型下供应链的利润介于两者之间；在制造商（零售商）主导的模型中，制造商（零售商）的利润低于纳什博弈模型下的利润，跟随者的利润在这两种模型下是相同的。

杨仕辉等（2016）分别构建了制造商和零售商在完全不合作、半一体化（双方合作确定碳减排量）和一体化（双方合作确定碳减排量和产品价格）的博弈模型。研究发现：随着政府补贴的增加，制造商和零售商的碳减排量、产量和供应链总利润都会增加；一体化下各方的碳减排量以及供应链的碳减排总量最大，完全不合作下各方的碳减排量以及供应链的碳减排总量最小，半一体化下各方的碳减排量以及供应链的碳减排总量介于完全不合作与一体化博弈模型之间。

曹细玉等（2017）分别建立了政府对制造商碳减排投入总费用补贴，以及政府对制造商单位产品碳减排所得费用补贴的博弈模型。数值分析的结果表明：当碳减排补贴比例较低时，政府对制造商单位产品碳减排所得费用补贴下供应链碳减排的效果较好。

刘小兰等（2017）构建了政府不补贴制造商和零售商的博弈模型，政府补贴制造商的博弈模型，以及政府补贴零售商的博弈模型。研究发现：无论政府是否提供补贴，产品需求量与制造商的碳减排水平成正相关，制造商的碳减排水平与减排成本系数成负相关；当政府补贴制造商下制造商的碳减排水平高于政府不补贴下的碳减排水平。

庞庆华等（2017）构建了使供应链碳减排协调的收益共享契约模型。研究发现：供应链企业的碳减排水平和利润均与消费者低碳偏好系数、政府补贴系数成正相关，与减排成本系数成负相关；供应链企业的碳减排水平与碳税成正相关，其利润与碳税的关系不明确。

张红等（2018）构建了政府提供补贴下供应链分散决策和集中决策的博弈模型。研究发现：与分散决策相比，集中决策下制造商的减排研发水平、供应链的总利润和国家福利均是最高的。

温兴琦等（2018）将补贴分成对生产成本补贴、减排研发成本补贴和绿色度补贴，并构建了相应的博弈模型。研究发现：政府提供相等的补贴支出时，减排研发成本补贴下的产品绿色度最高，生产成本补贴下制造商的利润最高，零售商的利润比较取决于减排研发成本补贴的比例。

曹细玉和张杰芳（2018）构建了供应链博弈模型。数值分析表明：当政府的碳减排补贴率较低时，随着政府对碳减排补贴率的提高，供应链的碳减排量和期望利润都会增加。

范丹丹和徐琪（2018）分别构建了纳什博弈、制造商主导、零售商主导的三种博弈模型。经比较发现：三种博弈下制造商或零售商的碳减排水平和政府的利润分别相等；纳什博弈下政府提供的补贴与制造商主导或零售商主导模型下政府对追随企业的补贴相等，且要高于制造商主导或零售商主导模型下政府对领导企业的补贴；纳什博弈下制造商或零售商的利润与制造商主导或零售商主导模型下追随企业的利润相等，且多于领导企业的利润。

部分学者以单个供应商和单个制造商构成的两级供应链为研究对象。吴文清等（2015）构建了制造商领导者和供应商为追随者的斯塔克尔伯格博弈模型、制造商与供应商充分合作的博弈模型。研究发现：制造商与供应商充分合作下双方的减排研发投入均较高；随着政府提高对供应商的补贴强度，制造商和供应商的减排研发投入会增加。

孟卫军等（2018）构建了无政府补贴，政府对制造商减排投入按一定的比例补贴，以及政府对制造商按最终减排量的比率进行补贴的三种博弈模型。经比较发现：政府提供补贴可以提高减排研发水平、增加企业利润，而且，政府按一定的比例贴下供应链企业的减排投入和产量减排量均低于政府按最终减排量的比率补贴下的减排投入和产量减排量。

王道平等(2019a)构建了无成本分担的分散式决策、集中式决策和成本分担的分散式决策的三种博弈模型。经比较发现：政府提供补贴时，成本分担的分散式决策和无成本分担的分散式决策下供应商和制造商的减排研发水平、减排量，与集中决策下是相等的；若制造商的边际利润高于供应商边际利润的一半，无成本分担的分散式决策下供应商的利润与成本分担的分散式决策下供应商的利润相等，制造商的利润高于成本分担的分散式决策下的利润，供应链的利润高于成本分担的分散式决策和集中式决策下的利润，且集中式决策下供应链的利润最低。

王道平等(2019b)分别构建了政府提供补贴下集中式决策、分散式决策和引入成本分担契约后的决策的三种博弈模型。经比较发现：与分散式决策相比，集中式决策和引入成本分担契约后的决策下供应商和制造商的最优减排研发水平、碳减排量均相等，也都高于分散式决策下的最优减排研发水平和碳减排量。

也有少数学者以单个供应商和两个制造商构成的两级供应链为研究对象。王玮和陈丽华(2015)建立了制造商非合作研发时无补贴、供应商研发补贴和政府研发补贴的博弈模型，合作研发(合作决定减排研发水平)时无补贴、供应商研发补贴和政府研发补贴的博弈模型。研究结果表明：同一种研发模式下，政府研发补贴下的减排研发水平和产量高于供应商研发补贴下的减排研发水平和产量；当研发溢出率较高时，无补贴或供应商补贴下制造商合作研发时的减排研发水平和产量高于制造商非合作研发时的减排研发水平和产量，政府补贴下制造商合作研发与非合作研发时的减排研发水平和产量相等，制造商合作研发时供应商的利润和制造商的利润均高于制造商非合作研发时的利润。

　　少数学者以三级供应链为研究对象。樊世清等（2017）考虑单个供应商、单个制造商和单个零售商构成的三级供应链，构建了政府提供补贴下供应链单独减排的博弈模型，仅供应商补贴制造商减排研发成本的博弈模型，供应商和零售商均补贴制造商减排研发成本的博弈模型。研究发现：供应商和零售商均补贴制造商减排研发成本下单位产品的碳减排量和各企业的利润均是最高的，单独减排下单位产品的碳减排量和各企业的利润均是最低的，仅供应商补贴制造商减排研发成本下单位产品的碳减排量和各企业的利润介于其他两个模型之间。

　　龙超和王勇（2018）考虑单个制造商、运输商和零售商构成的三级供应链，给定碳税税率和补贴率，比较供应链选择分散决策、单领域合作（仅减排合作）以及双领域合作（同时在定价和减排合作）的效果。研究发现：双领域合作时各企业的减排量最大，而且提高补贴可提高减排量，但提高碳税会降低减排量。

　　因此，学者们对减排研发补贴与产业内研发以及供应链减排研发进行了大量的研究，形成了丰富的研究成果，但是还存在一些不足之处。第一，有关减排研发补贴与产业内减排的研究仅集中于制造商的策略，有关减排研发补贴与供应链减排研发的研究主要包括单个制造商，少数学者包括了两个制造商。第二，这些研究提供的策略主要包括制造商之间是否要进行减排合作、上下游供应链成员之间减排成本分担或促销成本分担，只有少数学者考虑到制造商之间的合作研发，但是没有考虑到制造商之间在减排研发和价格上的合作。

　　本章以两个制造商和单个零售商组成的供应链为研究对象，考虑消费者具有低碳产品偏好以及政府向制造商提供减排研发补贴，制造商之间可以选择不合作（制造商单独确定批发价格水平和减排研发水平）、半合作（制造商之间仅进行减排研发合作）和完全合作（制造商合作确定批发价格水平和减排研发水平），研究供应链策略选择的效果。

第二节 模型构建与求解

一、基本假设

本章继续考虑由两个制造商和一个零售商组成的两级供应链。其中，制造商 $m(m=1,2)$ 生产同质产品，产量为 q_m，以批发价格 ω_m 销售给零售商 R，零售商 R 最后以零售价格 p_m 销售给具有低碳产品偏好的消费者。为简化计算，不考虑制造商的生产成本，并设生产单位最终产品排放单位碳排放量。为减少碳排放量，制造商 m 可实施减排研发。在产品定价和减排研发形式方面，制造商之间可以选择不合作、半合作和完全合作。

借鉴 Poyago-heotoky(2007) 的研究，设制造商 m 的减排研发水平为 x_m 时，研发成本为 $C_m = x_m^2/2$，研发成果可在制造商之间免费溢出，设研发溢出率为 $\beta(0<\beta<1)$。从而，制造商 m 的净碳排放量为 $e_m = q_m - x_m - \beta x_n$，$m, n = 1, 2, m \neq n$。为鼓励制造商实施减排研发，政府可以补贴制造商的一部分减排研发成本，设政府向制造商提供的减排研发补贴率为 s，补贴额为 $SC_m = s \cdot x_m^2/2$，则政府的补贴支出为 $SC = s(x_1^2 + x_2^2)/2$。

借鉴 Poyago-Theotoky(2007) 的研究，设碳排放造成的环境损害函数为 $D = (e_1 + e_2)^2/2$。设消费者从最终产品的消费中获得的效用函数为 $U = q_1 + q_2 - (q_1 + q_2)^2/2$，从而可求得消费者剩余函数为 $CS = (q_1 + q_2)^2/2$。借鉴 Singh 和 Vives (1984) 的研究，引入消费者对低碳产品的偏好程度为 $\theta(0<\theta<1)$，设消费者对制造商 m 的产品的逆需求函数为 $p_m = 1 - q_m - q_n - \theta e_m$，可以求得消费者对制造商 m 的产品的需求函数为：

$$q_m = \frac{\theta - (1+\theta)p_m + p_n + \theta(1+\theta)(x_m + \beta x_n) - \theta(\beta x_m + x_n)}{\theta(2+\theta)} \tag{4-1}$$

零售商 R 的利润函数为：

$$\pi_r = (p_1 - \omega_1)q_1 + (p_2 - \omega_2)q_2 \tag{4-2}$$

制造商 k 的利润函数为：

$$\pi_m = \omega_m q_m - (1-s) x_m^2 / 2 \tag{4-3}$$

国家福利函数为 $W = \pi_1 + \pi_2 + \pi_r + CS - SC - D$，整理后有：

$$W = p_1 q_1 + p_2 q_2 + (q_1+q_2)^2/2 - (x_1^2+x_2^2)/2 - (e_1+e_2)^2/2 \tag{4-4}$$

二、博弈规则

政府与供应链成员之间的博弈顺序如下。第一阶段，政府确定减排研发补贴率；第二阶段，制造商确定减排研发水平；第三阶段，制造商确定产品的批发价格；第四阶段，零售商确定产品的零售价格。

三、模型求解

下面运用逆向归纳法求解各博弈模型。

（一）不合作模型的求解

1. 第四阶段：最终零售价格

给定政府的减排研发补贴率、制造商的研发水平和批发价格，零售商以自身利润最大化为目的确定最优零售价格。将（4-1）式代入（4-2）式，零售商确定最优零售价格的问题为：

$$\max_{p_1,p_2} \pi_r = \{ (p_1-\omega_1)[\theta-(1+\theta)p_1+p_2+\theta(1+\theta)(x_1+\beta x_2)-\theta(\beta x_1+x_2)] $$
$$+ (p_2-\omega_2)[\theta+p_1-(1+\theta)p_2+\theta(1+\theta)(\beta x_1+x_2)-\theta(x_1+\beta x_2)]\} $$
$$\div [\theta(2+\theta)] \tag{4-5}$$

联立 $\partial \pi_r/\partial p_1 = 0$ 和 $\partial \pi_r/\partial p_2 = 0$，可求得零售商确定的产品零售价格为：

$$p_m^* = [1+\omega_m+\theta(x_m+\beta x_n)]/2 \tag{4-6}$$

2. 第三阶段：最优批发价格

将（4-6）式代入（4-1）式，可求得消费者对制造商 m 产品的需求函数为：

$$q_m^* = \frac{\theta-(1+\theta)\omega_m+\omega_n+\theta[(1+\theta)(x_m+\beta x_n)-(\beta x_m+x_n)]}{2\theta(2+\theta)} \tag{4-7}$$

给定政府的减排研发补贴率和制造商的研发水平，在制造商之间不合作下，各制造商以其利润最大化为目的确定最优批发价格。制造商 m 确定最优批发价格的问题为

$$\max_{\omega_m}\pi_m = \omega_m q_m^* - (1-s)x_m^2/2 \tag{4-8}$$

联立 $\partial\pi_1/\partial\omega_1 = 0$ 和 $\partial\pi_2/\partial\omega_2 = 0$，可求得制造商 m 确定的批发价格为：

$$\omega_m^* = [\theta(3+2\theta)+\theta(2\theta^2+4\theta+1)(x_m+\beta x_n)-\theta(1+\theta)(\beta x_m+x_n)]/[(1+2\theta)(3+2\theta)] \tag{4-9}$$

3. 第二阶段：最优研发水平

在制造商之间不合作下，各制造商以其利润最大化为目的确定最优研发水平。给定政府的减排研发补贴率，制造商 m 确定最优研发水平的问题为：

$$\max_{x_m}\pi_m = \omega_m^* q_m^* - (1-s)x_m^2/2 \tag{4-10}$$

联立 $\partial\pi_1/\partial x_1 = 0$ 和 $\partial\pi_2/\partial x_2 = 0$，可求得制造商 m 的研发水平为：

$$x_m^* = \frac{\theta\alpha_1(\alpha_2-\beta\alpha_1)}{\beta^2\theta^2\alpha_1^2-\beta\theta^3(2\alpha_1+1)\alpha_1-\alpha_3-(\alpha_1+1)(2\alpha_1+1)(2\alpha_1-1)^2 s} \tag{4-11}$$

其中，$\alpha_1 = 1+\theta$，$\alpha_2 = 2\theta^2+4\theta+1$，$\alpha_3 = 2\theta^5-2\theta^4-31\theta^3-53\theta^2-31\theta-6$。

4. 第一阶段：最优减排研发补贴率

政府以国家福利最大化为目的确定最优减排研发补贴率，政府确定最优减排研发补贴率的问题可表示为：

$$\max_s W = \sum_{m=1}^{2}p_m^* q_m^* + \left(\sum_{m=1}^{2}q_m^*\right)^2/2 - \sum_{m=1}^{2}(x_m^*)^2/2 - \left(\sum_{m=1}^{2}e_m^*\right)^2/2 \tag{4-12}$$

根据 $\partial W/\partial s = 0$，可求得制造商之间不合作下最优的减排研发补贴率为：

$$s^{nc} = \frac{2\theta\alpha_1\alpha_4\beta^3 - 2\theta\alpha_4\alpha_5\beta^2 - \alpha_6\beta - \alpha_7}{\alpha_1(\alpha_1+1)(2\alpha_1-1)(2\alpha_1+1)(3\alpha_1-1)} \quad (4-13)$$

其中，$\alpha_4 = 3\theta^2 + 9\theta + 4$，$\alpha_5 = 2\theta^2 + 2\theta - 1$，$\alpha_6 = 12\theta^5 + 42\theta^4 + 5\theta^3 - 85\theta^2 - 64\theta - 12$，$\alpha_7 = 8\theta^5 + 28\theta^4 + \theta^3 - 69\theta^2 - 56\theta - 12$。进而可求得制造商之间不合作下的均衡结果为：

$$x_m^{nc} = \frac{\theta\alpha_1(\alpha_2 - \beta\alpha_1)}{\beta^2\theta^2\alpha_1^2 - \beta\theta^3(2\alpha_1+1)\alpha_1 - \alpha_3 - (\alpha_1+1)(2\alpha_1+1)(2\alpha_1-1)^2 s^{nc}} \quad (4-14)$$

$$\omega_m^{nc} = \frac{\theta[1 + \theta(1+\beta)x_m^{nc}]}{1+2\theta} \quad (4-15)$$

$$q_m^{nc} = \frac{\theta - \theta\omega_m^{nc} + (1+\beta)\theta^2 x_m^{nc}}{2\theta(2+\theta)} \quad (4-16)$$

$$p_m^{nc} = [1 + \omega_m^{nc} + \theta(1+\beta)x_m^{nc}]/2 \quad (4-17)$$

$$\pi_m^{nc} = \omega_m^{nc} q_m^{nc} - (1-s^{nc})(x_m^{nc})^2/2 \quad (4-18)$$

$$\pi_r^{nc} = 2(p_m^{nc} - \omega_m^{nc})[\theta - \theta p_m^{nc} + (1+\beta)\theta^2 x_m^{nc}]/[\theta(2+\theta)] \quad (4-19)$$

经比较可知：当 $\beta, \theta \in (0,1)$ 时，制造商选择不合作下政府的减排研发补贴率、研发水平、产量、批发价格及零售价格均为正。

（二）半合作模型的求解

半合作模型的第三阶段和第四阶段的求解同不合作模型，即零售商对制造商 m 生产的最终产品确定的零售价格见(4-6)式，制造商 m 确定的批发价格见(4-9)式，下面依次求解半合作模型的第二阶段和第一阶段。

1. 第二阶段：最优研发水平

记制造商的利润之和为 $\pi_{mn} = \pi_m + \pi_n$。与不合作不同的是，在半合作下，每个制造商确定最优研发水平以最大化制造商的利润之和。给定政府的减排研发补贴率，制造商 m 确定最优研发水平的问题可以描述为：

$$\max_{x_m, x_n} \pi_{mn} = \omega_m^* q_m^* + \omega_n^* q_n^* - (1-s)(x_m^2 + x_n^2)/2 \quad (4-20)$$

联立 $\partial\pi_{mn}/\partial x_m = 0$，$\partial\pi_{mn}/\partial x_n = 0$，可求得制造商 m 的研发水平为：

$$\tilde{x}_m^* = -\frac{\theta^2\alpha_1(1+\beta)}{\beta(2+\beta)\theta^3\alpha_1+\delta_1+(\alpha_1+1)(2\alpha_1-1)^2s} \qquad (4-21)$$

其中，$\delta_1 = \theta^4-3\theta^3-12\theta^2-9\theta-2$。

2. 第一阶段：最优减排研发补贴率

与制造商之间不合作相同，制造商半合作下政府也以国家福利最大化为目的确定最优减排研发补贴率，该问题可以描述为：

$$\max_s \widetilde{W}^* = \sum_{m=1}^2 p_m^*\tilde{q}_m^* + \Big(\sum_{m=1}^2\tilde{q}_m^*\Big)^2/2 - \sum_{m=1}^2(\tilde{x}_m^*)^2/2 - \Big(\sum_{m=1}^2\tilde{e}_m^*\Big)^2/2 \qquad (4-22)$$

根据 $\partial\widetilde{W}/\partial s=0$，可求得半合作下最优的减排研发补贴率为：

$$s^{sc} = -\frac{2\beta(2+\beta)\theta^2\alpha_4+\delta_2}{\alpha_1(\alpha_1+1)(2\alpha_1-1)(3\alpha_1-1)} \qquad (4-23)$$

其中，$\delta_2 = 4\theta^4+3\theta^3-23\theta^2-20\theta-4$。进而可求得半合作下的均衡结果为：

$$x_m^{sc} = -\frac{\theta^2\alpha_1(1+\beta)}{\beta(2+\beta)\theta^3\alpha_1+\delta_1+(\alpha_1+1)(2\alpha_1-1)^2s^{sc}} \qquad (4-24)$$

$$\omega_m^{sc} = \frac{\theta[1+\theta(1+\beta)x_m^{sc}]}{1+2\theta} \qquad (4-25)$$

$$q_m^{sc} = \frac{\theta-\theta\omega_m^{sc}+(1+\beta)\theta^2x_m^{sc}}{2\theta(2+\theta)} \qquad (4-26)$$

$$p_m^{sc} = [1+\omega_m^{sc}+\theta(1+\beta)x_m^{sc}]/2 \qquad (4-27)$$

$$\pi_m^{sc} = \omega_m^{sc}q_m^{sc}-(1-s^{sc})(x_m^{sc})^2/2 \qquad (4-28)$$

$$\pi_r^{sc} = 2(p_m^{sc}-\omega_m^{sc})[\theta-\theta p_m^{sc}+(1+\beta)\theta^2x_m^{sc}]/[\theta(2+\theta)] \qquad (4-29)$$

经比较可知：当 $\beta,\theta\in(0,1)$ 时，制造商选择半合作下的研发水平、产量、批发价格及零售价格均为正，而且，$\mathrm{sign}(s^{sc})=\mathrm{sign}(-(2\beta(2+\beta)\theta^2\alpha_4+\delta_2))$。如图 4-1 所示，令 $s^{sc}=0$ 可求得 $\theta=f_1(\beta)$。当 $\theta<f_1(\beta)$ 时，有 $2\beta(2+\beta)\theta^2\alpha_4+\delta_2<0$ 成立，从而有 $s^{sc}>0$ 成立；反之，当 $\theta>f_1(\beta)$ 时，有 $2\beta(2+\beta)\theta^2\alpha_4+\delta_2>0$ 成立，从而有 $s^{sc}<0$ 成立。

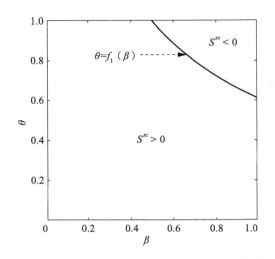

图4-1　半合作模型下减排研发补贴率为正的条件

（三）完全合作模型的求解

完全合作模型的第四阶段的求解同不合作模型，即零售商对制造商 m 生产的最终产品确定的零售价格见(4-6)式，下面依次求解完全合作模型的第三阶段、第二阶段和第一阶段。

1. 第三阶段：最优批发价格

与不合作模型和半合作模型不同的是，在完全合作模型下，每个制造商确定最优批发价格以最大化制造商的利润之和。给定政府的减排研发补贴率和制造商的减排研发水平，制造商 m 确定最优批发价格的问题可以描述为：

$$\max_{\omega_m,\omega_n}\pi_{mn}=\omega_m q_m^* +\omega_n q_n^* -(1-s)(x_m^2+x_n^2)/2 \qquad (4-30)$$

联立 $\partial \pi_{mn}/\partial \omega_m =0$，$\partial \pi_{mn}/\partial \omega_n =0$，可求得制造商 m 制定的批发价格为：

$$\widetilde{\omega}_m^{**}=[1+\theta(x_m+\beta x_n)]/2 \qquad (4-31)$$

2. 第二阶段：最优研发水平

与半合作相同，在完全合作下，每个制造商也以制造商的利润之和最大化为目的确定最优研发水平。给定政府的减排研发补贴率，制造商 m 确定最优研发水平的问题可以描述为：

$$\max_{x_m,x_n}\pi_{mn}=\widetilde{\omega}_m^{**}q_m^*+\widetilde{\omega}_n^{**}q_n^*-(1-s)(x_m^2+x_n^2)/2 \qquad (4-32)$$

联立 $\partial\pi_{mn}/\partial x_m=0$，$\partial\pi_{mn}/\partial x_n=0$，可求得制造商 m 的研发水平为：

$$\widetilde{x}_m^{**}=-\frac{\theta(1+\beta)}{\theta^2(1+\beta)^2-4(\alpha_1+1)+4(\alpha_1+1)s} \qquad (4-33)$$

3. 第一阶段：最优减排研发补贴率

与制造商之间不合作和半合作相同，制造商之间完全合作下政府也以国家福利最大化为目的确定最优减排研发补贴率，该问题可以描述为：

$$\max_{s}\widetilde{W}^{**}=\sum_{m=1}^{2}p_m^*q_m^{**}+\left(\sum_{m=1}^{2}q_m^{**}\right)^2/2-\sum_{m=1}^{2}(\widetilde{x}_m^{**})^2/2-\left(\sum_{m=1}^{2}\widetilde{e}_m^{**}\right)^2/2$$

$$(4-34)$$

根据 $\partial\widetilde{W}^{**}/\partial s=0$，可求得完全合作下最优的减排研发补贴率为：

$$s^{cc}=-\frac{\beta(2+\beta)\theta(3\alpha_1+5)+2\delta_3}{(\alpha_1+1)(3\alpha_1+1)} \qquad (4-35)$$

其中，$\delta_3=\theta^2+\theta-4$。进而可求得完全合作下的均衡结果为：

$$x_m^{cc}=-\frac{\theta(1+\beta)}{\theta^2(1+\beta)^2-4(\alpha_1+1)+4(\alpha_1+1)s^{cc}} \qquad (4-36)$$

$$\omega_m^{cc}=[1+\theta(1+\beta)x_m^{cc}]/2 \qquad (4-37)$$

$$q_m^{cc}=\frac{\theta-\theta\omega_m^{cc}+(1+\beta)\theta^2x_m^{cc}}{2\theta(2+\theta)} \qquad (4-38)$$

$$p_m^{cc}=[1+\omega_m^{cc}+\theta(1+\beta)x_m^{cc}]/2 \qquad (4-39)$$

$$\pi_m^{cc}=\omega_m^{cc}q_m^{cc}-(1-s^{cc})(x_m^{cc})^2/2 \qquad (4-40)$$

$$\pi_r^{cc}=2(p_m^{cc}-\omega_m^{cc})[\theta-\theta p_m^{cc}+(1+\beta)\theta^2x_m^{cc}]/[\theta(2+\theta)] \qquad (4-41)$$

经比较可知：当 $\beta,\theta\in(0,1)$ 时，制造商选择完全合作下的产量、批发价格及零售价格均为正。而且，$\text{sign}(s^{cc})=\text{sign}(-(\beta(2+\beta)\theta(3\alpha_1+5)+$

$2\delta_3$))。如图4-2所示，令 $s^{cc}=0$ 可求得 $\theta=f_2(\beta)$。当 $\theta<f_2(\beta)$ 时，有 $\beta(2+\beta)\theta(3\alpha_1+5)+2\delta_3<0$ 成立，从而有 $s^{cc}>0$ 成立；反之，当 $\theta>f_2(\beta)$ 时，有 $\beta(2+\beta)\theta(3\alpha_1+5)+2\delta_3>0$ 成立，从而有 $s^{cc}<0$ 成立。

综合图4-1和图4-2，可以得到图4-3的结果，由于 $f_2(\beta)<f_1(\beta)$，因此，当 $\theta<f_2(\beta)$ 时，有 $s^{sc}>0$，$s^{cc}>0$；当 $f_2(\beta)<\theta<f_1(\beta)$，有 $s^{sc}>0$，$s^{cc}<0$；当 $\theta>f_1(\beta)$，有 $s^{sc}<0$，$s^{cc}<0$。综合不合作模型、半合作模型和完全合作模型的均衡解大于0的条件，可知当 $\theta<f_2(\beta)$ 时，各模型均有内点解。

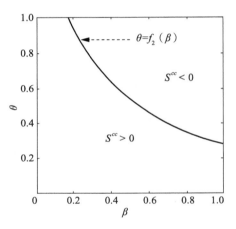

图4-2　完全合作模型下减排研发
补贴率为正的条件

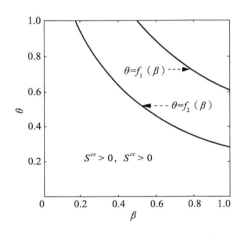

图4-3　各模型的均衡解
均为正的条件

第三节　减排研发策略选择的效果分析

一、减排研发水平比较

根据(4-14)式、(4-24)式和(4-36)式，可以比较政府实施减排研发补贴政策下制造商选择不合作、半合作和完全合作时制造商的减排研发水平，结果如下：

$$\begin{cases} x_m^{sc}-x_m^{nc}=0 \\ x_m^{cc}-x_m^{sc}=-2(1+\beta)\left[\beta(2+\beta)\chi_1+\chi_2\right]/\{\left[\beta(2+\beta)\chi_3+\chi_4\right]\left[\beta(2+\beta)\chi_5+\chi_6\right]\} \end{cases}$$

$$(4-42)$$

其中，$\chi_1=9\theta^3+35\theta^2+44\theta+16$，$\chi_2=13\theta^3+52\theta^2+66\theta+24$，$\chi_3=3\theta^2-8\theta-32$，$\chi_4=3\theta^2-16\theta-48$，$\chi_5=3\theta^4-4\theta^3-35\theta^2-32\theta-8$，$\chi_6=3\theta^4-12\theta^3-59\theta^2-50\theta-12$。由 (4-42)式，易证：对任意 $0<\beta$，$\theta<1$ 有 $\beta(2+\beta)\chi_1+\chi_2>0$，$\beta(2+\beta)\chi_3+\chi_4<0$，$\beta(2+\beta)\chi_5+\chi_6<0$ 成立。因此，根据制造商选择不合作、半合作和完全合作时制造商的减排研发水平比较，可有如下命题：

命题 1 当 $\theta<f_2(\beta)$ 时，有 $x_m^{cc}<x_m^{sc}=x_m^{nc}$。

命题 1 意味着，当各博弈模型有内点解时，如果政府向制造商提供减排研发补贴，制造商选择不进行减排研发合作下的减排研发水平与制造商仅选择减排研发合作下的减排研发水平相等，两者都高于制造商选择减排研发合作和定价合作下的减排研发水平。也就是说，制造商从选择不进行减排研发合作转向仅选择减排研发合作，不会影响制造商的减排研发水平，但制造商转向选择同时进行减排研发合作和定价合作后，制造商的减排研发水平会下降。

二、净碳排放量比较

记制造商选择不合作下制造商 m 的净碳排放量为 $e_m^{nc}=q_m^{nc}-x_m^{nc}-\beta x_n^{nc}$，制造商选择半合作下制造商 m 的净碳排放量为 $e_m^{sc}=q_m^{sc}-x_m^{sc}-\beta x_n^{sc}$，制造商选择完全合作下制造商 m 的净碳排放量为 $e_m^{cc}=q_m^{cc}-x_m^{cc}-\beta x_n^{cc}$。根据(4-14)式、(4-16)式、(4-24)式、(4-26)式、(4-36)式和(4-38)式，可以比较政府实施减排研发补贴政策下制造商选择不合作、半合作和完全合作时制造商的净碳排放量，结果如下：

$$\begin{cases} e_m^{sc}-e_m^{nc}=0 \\ e_m^{cc}-e_m^{sc}=\left[2(1+\beta)^2+1\right]\left[\beta\theta(2+\beta)\varphi_1+\varphi_2\right]/\{\left[\beta(2+\beta)\chi_3+\chi_4\right]\left[\beta(2+\beta)\chi_5+\chi_6\right]\} \end{cases}$$

$$(4-43)$$

其中，$\varphi_1 = 9\theta^2 + 27\theta + 10$，$\varphi_2 = 9\theta^3 + 19\theta^2 - 10\theta - 8$。根据（4-43）式易证：$\beta(2+\beta)\chi_3 + \chi_4 < 0$，$\beta(2+\beta)\chi_5 + \chi_6 < 0$，即有 $\text{sign}(e_m^{cc} - e_m^{sc}) = \text{sign}(\beta\theta(2+\beta)\varphi_1 + \varphi_2)$。如图 4-4 所示，令 $e_m^{cc} = e_m^{sc}$，可以求得 $\theta = g(\beta)$。当 $\theta < g(\beta)$ 时，有 $\beta\theta(2+\beta)\varphi_1 + \varphi_2 < 0$，即有 $e_m^{cc} < e_m^{sc}$；当 $g(\beta) < \theta < f_2(\beta)$ 时，有 $\beta\theta(2+\beta)\varphi_1 + \varphi_2 > 0$，即有 $e_m^{cc} > e_m^{sc}$。因此，根据制造商选择不合作、半合作和完全合作时制造商的净碳排放量比较，可有如下命题：

命题 2 当 $\theta < f_2(\beta)$ 时，若 $\theta < g(\beta)$，有 $e_m^{cc} < e_m^{sc} = e_m^{nc}$；若 $g(\beta) < \theta < f_2(\beta)$，有 $e_m^{cc} > e_m^{sc} = e_m^{nc}$。

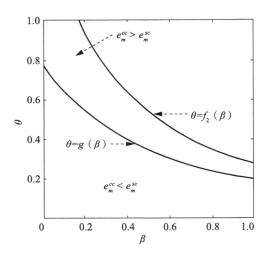

图 4-4　半合作与完全合作模型制造商的净碳排放量比较

命题 2 意味着，当各博弈模型有内点解时，如果政府向制造商提供减排研发补贴，若 $\theta < g(\beta)$，制造商选择不进行减排研发合作下的净碳排放量与制造商仅选择减排研发合作下的净碳排放量相等，两者都高于制造商选择减排研发合作和定价合作下的净碳排放量；若 $g(\beta) < \theta < f_2(\beta)$，制造商选择不进行减排研发合作下的净碳排放量与制造商仅选择减排研发合作下的净碳排放量也相等，两者都低于制造商选择减排研发合作和定价合作下的净碳排放量。而且，由于 $\theta < g(\beta)$ 占的面积大于 $g(\beta) < \theta < f_2(\beta)$ 占的面积，因此，制造商选择完全合作下制造商的净碳排放量有较大可能性低于制造

商选择不合作或半合作下制造商的净碳排放量。

三、企业利润比较

（一）制造商的利润比较

根据(4-18)式、(4-28)式和(4-40)式，可以比较政府实施减排研发补贴政策下制造商选择不合作、半合作和完全合作时制造商的利润，结果如下：

$$
\begin{cases}
\pi_m^{sc} - \pi_m^{nc} = -\dfrac{\theta(1+\beta)(3\alpha_1-1)\alpha_1^3\varphi_1[\beta(2+\beta)\varphi_2+\varphi_3]}{(\alpha_1+1)(2\alpha_1-1)(2\alpha_1+1)[\beta(2+\beta)\chi_5+\chi_6]^2} \\[4mm]
\pi_m^{cc} - \pi_m^{nc} = -\dfrac{\beta^6\varphi_4+2\beta^5\varphi_5+\beta^4\varphi_6+2\beta^3\varphi_7+\beta^2\varphi_8+2\beta\varphi_9-\varphi_{10}}{2(\alpha_1+1)(2\alpha_1-1)(2\alpha_1+1)[\beta(2+\beta)\chi_3+\chi_4][\beta(2+\beta)\chi_5+\chi_6]^2} \\[4mm]
\pi_m^{cc} - \pi_m^{sc} = -\dfrac{\beta^4\varphi_{11}+4\beta^3\varphi_{11}+2\beta^2\varphi_{12}+4\beta\varphi_{13}+\varphi_{14}}{2(\alpha_1+1)(2\alpha_1-1)[\beta(2+\beta)\chi_3+\chi_4][\beta(2+\beta)\chi_5+\chi_6]}
\end{cases}
$$

$$(4-44)$$

其中，$\varphi_1 = 2\beta\theta^2+4\beta\theta-\theta+\beta-1$，$\varphi_2 = 3\theta^2+9\theta+4$，$\varphi_3 = 5\theta^2+14\theta+6$，$\varphi_4 = 108\theta^{11}+702\theta^{10}-9\theta^9-12700\theta^8-51102\theta^7-99678\theta^6-106741\theta^5-52228\theta^4+8320\theta^3+23168\theta^2+10304\theta+1536$，$\varphi_5 = 270\theta^{11}+1755\theta^{10}-21\theta^9-31716\theta^8-127558\theta^7-247727\theta^6-259751\theta^5-112328\theta^4+44656\theta^3+74368\theta^2+31424\theta+4608$，$\varphi_6 = 1152\theta^{11}+7152\theta^{10}-3475\theta^9-150040\theta^8-580034\theta^7-1102332\theta^6-1104875\theta^5-370316\theta^4+361552\theta^3+439456\theta^2+176256\theta+25344$，$\varphi_7 = 648\theta^{11}+3702\theta^{10}-5143\theta^9-98157\theta^8-359477\theta^7-660529\theta^6-611424\theta^5-909000\theta^4+380584\theta^3+371904\theta^2+141824\theta+19968$，$\varphi_8 = 756\theta^{11}+3678\theta^{10}-12309\theta^9-141722\theta^8-484664\theta^7-842236\theta^6-650043\theta^5+227236\theta^4+917636\theta^3+760656\theta^2+276176\theta+38016$，$\varphi_9 = 90\theta^{11}+303\theta^{10}-2728\theta^9-22155\theta^8-69681\theta^7-106248\theta^6-27801\theta^5+176604\theta^4+306172\theta^3+222800\theta^2+77136\theta+10368$，$\varphi_{10} = 12\theta^{10}-9\theta^9-406\theta^8-2496\theta^7-16390\theta^6-68291\theta^5-152156\theta^4-183980\theta^3-120000\theta^2-39600\theta-5184$，

$\varphi_{11} = 9\theta^5 + 44\theta^4 + 63\theta^3 - 40\theta^2 - 152\theta - 64$，$\varphi_{12} = 29\theta^5 + 143\theta^4 + 198\theta^3 - 165\theta^2 - 542\theta - 224$，$\varphi_{13} = 11\theta^5 + 55\theta^4 + 72\theta^3 - 85\theta^2 - 238\theta - 96$，$\varphi_{14} = 13\theta^5 + 66\theta^4 + 73\theta^3 - 166\theta^2 - 372\theta - 144$。根据(4-44)式，容易证明：对于任意 $0 < \beta$，$\theta < 1$，有 $\mathrm{sign}(\pi_m^{sc} - \pi_m^{nc}) = \mathrm{sign}(-(\beta(2+\beta)\varphi_2 + \varphi_3))$，$\mathrm{sign}(\pi_m^{cc} - \pi_m^{nc}) = \mathrm{sign}(\beta^6 \varphi_4 + 2\beta^5 \varphi_5 + \beta^4 \varphi_6 + 2\beta^3 \varphi_7 + \beta^2 \varphi_8 + 2\beta \varphi_9 - \varphi_{10})$，$\pi_m^{cc} > \pi_m^{sc}$。如图 4-5 所示，令 $\pi_m^{sc} = \pi_m^{nc}$，可以求得 $\theta = h_1(\beta)$。当 $\theta < h_1(\beta)$ 时，有 $\pi_m^{sc} > \pi_m^{nc}$；当 $\theta > h_1(\beta)$ 时，有 $\pi_m^{sc} < \pi_m^{nc}$。

结合各模型有内点解的条件（$\theta < f_2(\beta)$），可以有：当 $\theta < \min(h_1(\beta), f_2(\beta))$ 时，有 $\pi_m^{sc} > \pi_m^{nc}$；当 $h_1(\beta) < \theta < f_2(\beta)$ 时，有 $\pi_m^{sc} < \pi_m^{nc}$。如图 4-6 所示，令 $\pi_m^{cc} = \pi_m^{nc}$，可以求得 $\theta = h_2(\beta)$。当 $\theta < h_2(\beta)$ 时，有 $\pi_m^{cc} > \pi_m^{nc}$；当 $\theta > h_2(\beta)$ 时，有 $\pi_m^{cc} < \pi_m^{nc}$。由于 $f_2(\beta) < h_2(\beta)$，当 $\theta < f_2(\beta)$ 时，有 $\pi_m^{cc} > \pi_m^{nc}$。因此，根据制造商选择不合作、半合作和完全合作时制造商的利润比较，可有如下命题：

命题 3 当 $\theta < f_2(\beta)$ 时，若 $\theta < \min(h_1(\beta), f_2(\beta))$，有 $\pi_m^{cc} > \pi_m^{sc} > \pi_m^{nc}$；若 $h_1(\beta) < \theta < f_2(\beta)$，有 $\pi_m^{cc} > \pi_m^{nc} > \pi_m^{sc}$。

命题 3 意味着，当各博弈模型有内点解时，如果政府向制造商提供减排研发补贴，制造商在完全合作下获得的利润总是最高的，在半合作下获得的利润与不合作下获得的利润不相上下。具体而言，若 $\theta < \min(h_1(\beta), f_2(\beta))$，制造商同时进行减排研发合作和定价合作下制造商获得的利润最高，制造商仅进行减排研发合作下制造商获得的利润高于制造商不进行减排研发合作下制造商获得的利润，制造商不进行减排研发合作下制造商获得的利润是最低的。若 $h_1(\beta) < \theta < f_2(\beta)$，制造商同时进行减排研发合作和定价合作下制造商获得的利润也是最高的，制造商不进行减排研发合作下制造商获得的利润高于制造商仅进行减排研发合作下制造商获得的利润，制造商仅进行减排研发合作下制造商获得的利润是最低的。而且，由于 $\theta < \min(h_1(\beta), f_2(\beta))$ 占的面积大于 $h_1(\beta) < \theta < f_2(\beta)$ 占的面积，因此，制造商选择半合作下制造商的利润有较大可能性高于制造商选择不合作下制造商的利润。

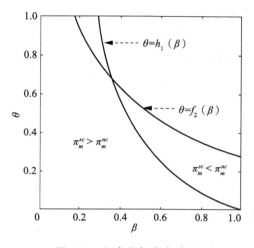

图4-5　不合作与半合作下
制造商的利润比较

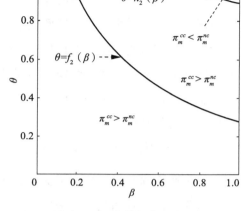

图4-6　不合作与完全合下
制造商的利润比较

（二）零售商的利润比较

根据（4-19）式、（4-29）式和（4-41）式，可以比较政府实施减排研发补贴政策下制造商选择不合作、半合作和完全合作时零售商的利润，结果如下：

$$\begin{cases} \pi_r^{sc}-\pi_r^{nc}=0 \\ \pi_r^{cc}-\pi_r^{nc}=\dfrac{2(4\beta^4\gamma_1+16\beta^3\gamma_1-\beta^2\gamma_2-2\beta\gamma_3-\gamma_4)(2\beta^4\gamma_5+8\beta^3\gamma_5+3\beta^2\gamma_6+2\beta\gamma_7+\gamma_8)}{[\beta(2+\beta)\chi_3+\chi_4]^2[\beta(2+\beta)\chi_5+\chi_6]^2} \end{cases}$$

$$(4-45)$$

其中，$\gamma_1=4\theta^2+17\theta+8$，$\gamma_2=\theta^3-119\theta^2-482\theta-224$，$\gamma_3=\theta^3-55\theta^2-210\theta-96$，$\gamma_4=\theta^3-47\theta^2-162\theta-72$，$\gamma_5=9\theta^5+12\theta^4-145\theta^3-426\theta^2-364\theta-96$，$\gamma_6=40\theta^5+35\theta^4-735\theta^3-2044\theta^2-1716\theta-448$，$\gamma_7=48\theta^5+9\theta^4-1045\theta^3-2724\theta^2-2236\theta-576$，$\gamma_8=30\theta^5-47\theta^4-923\theta^3-2172\theta^2-1716\theta-432$。根据（4-45）式，容易证明：对于任意 $0<\beta$，$\theta<1$，有 $4\beta^4\gamma_1+16\beta^3\gamma_1-\beta^2\gamma_2-2\beta\gamma_3-\gamma_4>0$，$2\beta^4\gamma_5+8\beta^3\gamma_5+3\beta^2\gamma_6+2\beta\gamma_7+\gamma_8<0$，因此，有 $\pi_r^{cc}<\pi_r^{nc}$。根据制造商选择不合作、半合作和完全合作时零售商的利润比较，可以有如下命题：

命题 4 当 $\theta < f_2(\beta)$ 时，有 $\pi_r^{cc} < \pi_r^{nc} = \pi_r^{sc}$。

命题 4 意味着，当各博弈模型有内点解时，如果政府向制造商提供减排研发补贴，零售商在制造商选择不合作和半合作下获得的利润相等，两者均高于零售商在制造商选择完全合作下获得的利润。也就是说，制造商选择从不进行减排研发合作转向仅选择减排研发合作后，零售商的利润不会发生变化，而制造商转向选择同时进行减排研发合作和定价合作后，零售商获得的利润会减少。

（三）供应链的利润比较

记制造商选择不合作下供应链的利润为 $\pi^{nc} = \pi_1^{nc} + \pi_2^{nc} + \pi_r^{nc}$，制造商选择半合作下供应链的利润为 $\pi^{sc} = \pi_1^{sc} + \pi_2^{sc} + \pi_r^{sc}$，制造商选择完全合作下供应链的利润为 $\pi^{cc} = \pi_1^{cc} + \pi_2^{cc} + \pi_r^{cc}$。根据（4-18）式、（4-19）式、（4-28）式、（4-29）式、（4-40）式和（741）式，可以比较政府实施减排研发补贴政策下制造商选择不合作、半合作和完全合作时供应链的利润，结果如下：

$$
\begin{cases}
\pi^{sc} - \pi^{nc} = -\dfrac{2\theta(1+\beta)(3\alpha_1-1)\alpha_1^3\varphi_1[\beta(2+\beta)\varphi_2+\varphi_3]}{(\alpha_1+1)(2\alpha_1-1)(2\alpha_1+1)[\beta(2+\beta)\chi_5+\chi_6]^2} \\[3mm]
\pi^{cc} - \pi^{nc} = -\dfrac{\beta^8\mu_1+2\beta(\beta^6\mu_2+\beta^5\mu_3+\beta^4\mu_4+\beta^3\mu_5+\beta^2\mu_6+\beta\mu_7+\mu_8)-\mu_9}{(\alpha_1+1)(2\alpha_1-1)(2\alpha_1+1)[\beta(2+\beta)\chi_3+\chi_4]^2[\beta(2+\beta)\chi_5+\chi_6]^2} \\[3mm]
\pi^{cc} - \pi^{sc} = -\dfrac{\beta^8\nu_1+2\beta(4\beta^6\nu_2+\beta^5\nu_3+2\beta^4\nu_4+\beta^3\nu_5+4\beta^2\nu_6+\beta\nu_7/2+2\nu_8)+\nu_9}{(\alpha_1+1)(2\alpha_1-1)[\beta(2+\beta)\chi_3+\chi_4]^2[\beta(2+\beta)\chi_5+\chi_6]^2}
\end{cases}
$$

$$(4-46)$$

其中，$\mu_1, \cdots, \mu_9$ 和 $\nu_1, \cdots, \nu_9$ 的表达式较为复杂，有兴趣的读者可向作者索求。根据（4-46）式易证：对任意 $0 < \beta$，$\theta < 1$，有 $\mathrm{sign}(\pi^{sc} - \pi^{nc}) = \mathrm{sign}(-(\beta(2+\beta)\varphi_2+\varphi_3))$，$\beta^8\mu_1+2\beta(\beta^6\mu_2+\beta^5\mu_3+\beta^4\mu_4+\beta^3\mu_5+\beta^2\mu_6+\beta\mu_7+\mu_8)-\mu_9 > 0$，$\beta^8\nu_1+2\beta(4\beta^6\nu_2+\beta^5\nu_3+2\beta^4\nu_4+\beta^3\nu_5+4\beta^2\nu_6+\beta\nu_7/2+2\nu_8)+\nu_9 > 0$。即有 $\pi^{cc} < \pi^{nc}$，$\pi^{cc} < \pi^{sc}$。由于制造商选择不合作和半合作下供应链的利润变化方向与制造商的利润变化方向相同，令 $\pi^{sc} = \pi^{nc}$，可以求得 $\theta = h_1(\beta)$。当 $\theta < h_1(\beta)$ 时，有 $\pi^{sc} > \pi^{nc}$；当 $\theta > h_1(\beta)$ 时，有 $\pi^{sc} < \pi^{nc}$。结合各模型有内点解的条

件($\theta<f_2(\beta)$)，可以有：当 $\theta<\min(h_1(\beta)$，$f_2(\beta))$ 时，有 $\pi^{sc}>\pi^{nc}$；当 $h_1(\beta)<$ $\theta<f_2(\beta)$ 时，有 $\pi^{sc}<\pi^{nc}$。根据制造商选择不合作、半合作和完全合作时供应链的利润比较，可以有如下命题：

命题 5 当 $\theta<f_2(\beta)$ 时，若 $\theta<\min(h_1(\beta)$，$f_2(\beta))$，有 $\pi^{sc}>\pi^{nc}>\pi^{cc}$；若 $h_1(\beta)<\theta<f_2(\beta)$，有 $\pi^{nc}>\pi^{sc}>\pi^{cc}$。

命题 5 意味着，当各博弈模型有内点解时，如果政府向制造商提供减排研发补贴，在完全合作下供应链的利润总是最低的，在半合作下与不合作下供应链的利润不相上下。具体而言，若 $\theta<\min(h_1(\beta)$，$f_2(\beta))$，制造商选择同时进行减排研发合作和定价合作下供应链的利润最低，制造商选择仅进行减排研发合作下供应链的利润最高，制造商选择不进行减排研发合作下供应链的利润介于两者之间。若 $h_1(\beta)<\theta<f_2(\beta)$，制造商选择同时进行减排研发合作和定价合作下供应链的利润也是最低的，制造商选择不进行减排研发合作下供应链的利润是最高的，制造商选择仅进行减排研发合作下供应链的利润介于两者之间。而且，由于 $\theta<\min(h_1(\beta)$，$f_2(\beta))$ 占的面积大于 $h_1(\beta)<\theta<f_2(\beta)$ 占的面积，因此，制造商选择半合作下供应链的利润有较大可能性高于制造商选择不合作下供应链的利润。

四、综合比较

综合制造商的自主减排研发水平、制造商的利润、零售商的利润以及供应链的利润比较，可以发现：当 $\theta<f_2(\beta)$ 时，$x_m^{cc}<x_m^{sc}=x_m^{nc}$，$e_m^{sc}=e_m^{nc}$，$\pi_r^{cc}<\pi_r^{nc}=\pi_r^{sc}$，$\pi_m^{cc}>\pi_m^{sc}$，$\pi_m^{cc}>\pi_m^{nc}$ 以及 $\pi^{cc}<\pi^{nc}$，$\pi^{cc}<\pi^{sc}$ 恒成立，即制造商选择不合作和半合作下制造商的自主减排研发水平相等，零售商的利润也相等，制造商选择完全合作下制造商的自主减排研发水平、零售商的利润和供应链的利润均最低，制造商的利润最高。

当 $\theta<\min(h_1(\beta),g(\beta))$ 时(图 4-7Ⅰ区)，有 $e_m^{cc}<e_m^{sc}=e_m^{nc}$，$\pi_m^{sc}>\pi_m^{nc}$，$\pi^{sc}>\pi^{nc}$ 成立，即制造商选择完全合作下制造商的净碳排放量最少，选择半合作下制造商的利润和供应链的利润均高于选择不合作下的利润。

当 $g(\beta)<\theta<\min(h_1(\beta),f_2(\beta))$ 时（图 4-7 II 区），有 $e_m^{cc}>e_m^{sc}=e_m^{nc}$，$\pi_m^{sc}>\pi_m^{nc}$，$\pi^{sc}>\pi^{nc}$，即制造商选择完全合作下制造商的净碳排放量最多，选择半合作下制造商的利润和供应链的利润均低于选择不合作下的利润。

当 $h_1(\beta)<\theta<g(\beta)$ 时（图 4-7 III 区），有 $e_m^{cc}<e_m^{sc}=e_m^{nc}$，$\pi_m^{nc}>\pi_m^{sc}$，$\pi^{nc}>\pi^{sc}$，即制造商选择完全合作下制造商的净碳排放量最少，选择不合作下制造商的利润和供应链的利润均高于选择半合作下的利润。

当 $\max(h_1(\beta),g(\beta))<\theta<f_2(\beta)$ 时（图 4-7 IV 区），有 $e_m^{cc}>e_m^{sc}=e_m^{nc}$，$\pi_m^{nc}>\pi_m^{sc}$，$\pi^{nc}>\pi^{sc}$，即制造商选择完全合作下制造商的净碳排放量最多，选择不合作下制造商的利润和供应链的利润均高于选择半合作下的利润。

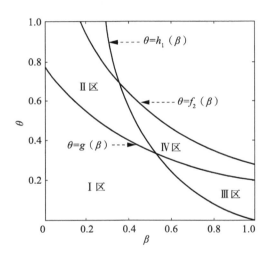

图 4-7 制造商策略选择的综合比较

根据制造商选择不合作、半合作和完全合作时制造商的自主减排研发水平、净碳排放量和利润、零售商的利润以及供应链的利润比较，可以有如下命题：

命题 6 当 $\theta<f_2(\beta)$ 时，若 $\theta<\min(h_1(\beta),g(\beta))$，有 $x_m^{cc}<x_m^{sc}=x_m^{nc}$，$e_m^{cc}<e_m^{sc}=e_m^{nc}$，$\pi_r^{cc}<\pi_r^{nc}=\pi_r^{sc}$，$\pi_m^{cc}>\pi_m^{sc}>\pi_m^{nc}$，$\pi^{sc}>\pi^{nc}>\pi^{cc}$；若 $g(\beta)<\theta<\min(h_1(\beta),f_2(\beta))$，有 $x_m^{cc}<x_m^{sc}=x_m^{nc}$，$e_m^{cc}>e_m^{sc}=e_m^{nc}$，$\pi_r^{cc}<\pi_r^{nc}=\pi_r^{sc}$，$\pi_m^{cc}>\pi_m^{sc}>\pi_m^{nc}$，$\pi^{sc}>\pi^{nc}>\pi^{cc}$；若 $h_1(\beta)<\theta<g(\beta)$，有 $x_m^{cc}<x_m^{sc}=x_m^{nc}$，$e_m^{cc}<e_m^{sc}=e_m^{nc}$，$\pi_r^{cc}<\pi_r^{nc}=\pi_r^{sc}$，$\pi_m^{cc}>\pi_m^{nc}>$

π_m^{sc}，$\pi^{nc} > \pi^{sc} > \pi^{cc}$；若 $\max(h_1(\beta)$，$g(\beta)) < \theta < f_2(\beta)$，有 $x_m^{cc} < x_m^{sc} = x_m^{nc}$，$e_m^{cc} > e_m^{sc} = e_m^{nc}$，$\pi_r^{cc} < \pi_r^{nc} = \pi_r^{sc}$，$\pi_m^{cc} > \pi_m^{nc} > \pi_m^{sc}$，$\pi^{nc} > \pi^{sc} > \pi^{cc}$。

命题 6 意味着，没有一种策略可以同时实现提高制造商的自主减排研发水平、制造商的利润、零售商的利润和供应链的利润以及降低制造商的净碳排放量。当 $\theta < \min(h_1(\beta), g(\beta))$ 时，与制造商选择不合作策略相比，制造商选择半合作策略不会影响制造商的减排研发水平和净碳排放量以及零售商的利润，但是会增加制造商的利润和供应链的利润；制造商选择完全合作策略会降低制造商的减排研发水平和净碳排放量、零售商的利润和供应链的利润，但是会增加制造商的利润。

当 $g(\beta) < \theta < \min(h_1(\beta), f_2(\beta))$ 时，与制造商选择不合作策略相比，制造商选择半合作策略不会改变制造商的减排研发水平和净碳排放量以及零售商的利润，但是会增加制造商的利润和供应链的利润；制造商选择完全合作策略会降低制造商的减排研发水平、零售商的利润和供应链的利润，但是会增加制造商的净碳排放量和利润。

当 $h_1(\beta) < \theta < g(\beta)$ 时，与制造商选择不合作策略相比，制造商选择半合作策略不会改变制造商的减排研发水平和净碳排放量以及零售商的利润，但是会降低制造商的利润和供应链的利润；制造商选择完全合作策略会降低制造商的减排研发水平和净碳排放量、零售商的利润和供应链的利润，但是会增加制造商的利润。

当 $\max(h_1(\beta), g(\beta)) < \theta < f_2(\beta)$ 时，与制造商选择不合作策略相比，制造商选择半合作策略不会改变制造商的减排研发水平和净碳排放量以及零售商的利润，但是会降低制造商的利润和供应链的利润；制造商选择完全合作策略会降低制造商的减排研发水平、零售商的利润和供应链的利润，但是会增加制造商的净碳排放量和利润。

相比较而言，$\theta < \min(h_1(\beta), g(\beta))$ 所占的面积最大，制造商选择完全合作下制造商的净碳排放量最少的可能性最大，选择半合作下制造商的利润和供应链的利润均高于选择不合作下的可能性最大。

第四节　结　论

本章以两个制造商和单个零售商组成的两级供应链为研究对象，并考虑到消费者低碳产品偏好，政府可以向制造商提供减排研发补贴，制造商之间可以选择不合作（不进行减排研发合作）、半合作（仅进行减排研发合作）和完全合作（同时进行减排研发合作和定价合作），构建了政府确定减排研发补贴率，制造商确定研发水平，制造商确定产品的批发价格以及零售商确定产品的零售价格的四阶段动态博弈模型。运用逆向归纳法求得各博弈模型的均衡解，并比较了制造商选择不同策略下减排研发水平、净碳排放量和企业利润。研究结果表明：制造商选择不合作和半合作下制造商的减排研发水平相等，均高于制造商选择完全合作下制造商的减排研发水平；制造商选择不合作和半合作下制造商的净碳排放量相等，与制造商选择完全合作下制造商的净碳排放量不相上下，但完全合作下制造商的净碳排放量有较大可能性低于不合作或半合作下的净碳排放量；制造商选择完全合作下制造商的利润最高，制造商选择不合作和半合作下制造商的利润不相上下，但半合作下制造商的利润有较大可能性高于不合作下的利润；制造商选择不合作和半合作下零售商的利润相等，均高于制造商选择完全合作下零售商的利润；制造商选择完全合作下供应链的利润最低，制造商选择不合作和半合作下供应链的利润不相上下，但半合作下供应链的利润较高的可能性较大。

第五章 消费型碳税政策与两级
供应链减排研发的效果

随着居民消费水平的提高,居民消费行为显著拉动了能源消费。居民消费行为所消耗的能源占能源消费总量的 45% ~ 55%(凤振华等,2010),居民对能源的间接消费产生的二氧化碳量占居民碳排放总量超过 70%(周平和王黎明,2011),产生二氧化碳等温室气体占温室气体总量的 65% 以上(Lenzen,1998)。随着全球化的深入,各国之间的贸易量迅速增加,商品的生产环节和消费环节越来越多地呈现地域分离(Bastianoni et. al,2004)。通过从发展中国家进口高碳产品和服务,发达国家既能减少本国的碳排放,还将碳排放责任转移给发展中国家,对中国等以出口为主的国家而言,以生产者责任原则核算碳排放量是不公平的(Chen,2009;Guo et. al,2010)。Proops 和 Ferng(1999)最早提出按消费者原则划分碳排放责任,即从碳排放的最终驱动者方面认定碳排放责任。Munksgaard 和 Pederson(2001)提出了核算消费碳排放量的方法,即消费碳排放量等于生产碳排放量与进口排放量之和减去出口碳排放量。

第一节 文献综述

一、基于消费者责任测算碳排放量的研究

有些学者测算和分析了多个国家的消费碳排放量。樊纲等(2010)构建

出核算消费排放的框架，并考虑两个情景：碳排放强度受资源禀赋差异和国际分工影响，碳排放强度受消费结构和能源效率影响，计算出主要国家1950—2005年累积消费排放和累积国内实际排放，发现中国累积国内实际排放在世界累积碳排放总量中占的比重高达10.19%，但是中国累积消费排放仅占世界累积消费排放总量的6.84%~8.76%，即14%~33%的国内实际排放是生产出口品所致。

吴先华等（2011）将国家碳排放总量分为满足国内需求产生的碳排放和满足出口需求所产生的碳排放，运用中国和美国2002年和2007年的投入产出表，分别测算了中国向美国商品出口的中国各部门的完全碳排放量，以及美国向中国商品出口的美国各部门的完全碳排放量。研究结果表明：中国出口到美国的商品主要是劳动密集型和资源密集型，而美国出口到中国的商品主要是技术密集型和资本密集型。并且，比较中美贸易的碳排放转移总量后还发现，中国出口到美国的商品载碳量明显高于美国出口到中国商品的载碳量，指出美国将部分碳排放转移到了中国，建议从消费角度重新界定碳排放责任。

刘宇（2015）运用区分加工贸易进口非竞争型的投入产出表，测算了中国与美国、日本、欧盟以及其他主要贸易伙伴国双边贸易中的隐含碳排放，发现中国对美国、日本和欧盟的净出口转移碳排放较多，对其他国家的净出口转移碳排放较少。

余晓泓和徐苗（2017）选取了2011年与中国贸易额最多的7个国家，以1995年为基期调整这些国家35个部门的总产出，利用多区域投入产出模型，从消费者责任角度研究1995—2011年各产业部门贸易碳排放流向。结果表明：中国各产业部门总进出口的碳排放量都在增加，出口隐含碳排放量的增加数量远远高于进口隐含碳量，在国际贸易中还处于碳排放净出口地位。从产业看，纺织业、电力器械制造业等能源密集型行业的出口隐含碳量严重高于进口隐含碳量，而采矿业、采石业等4个部门的出口隐含碳量低于进口隐含碳量。

章奇等（2018）以贸易隐含碳排放占全球贸易隐含碳排放总量的比例高达90%以上的39个国家为研究对象，构建多区域投入产出分析模型，基于消费责任制核算了1995—2011年全球碳排放量。结果表明：中国、美国、印度和俄罗斯等四个国家的碳排放量较高，是全球碳排放的主要国家，英国、法国和德国等欧盟国家的碳排放量较低。但从贸易隐含碳排放净流出量看，中国和俄罗斯相对较高且为正，印度和美国的相对较低且为负，即中国和俄罗斯通过贸易承担了更多的减排责任，而欧美等国家通过贸易转移了大量的减排责任，应主动向中国等国家转移减排技术或提供资金援助。

韩中等（2018）运用 MRIO 模型测算了主要经济体的消费碳排放量，发现2009年中国是被转移碳排放责任最多的国家，中国出口隐含碳排放主要用于满足欧盟、美国和日本等国的消费，欧盟和美国最终消费引起的碳排放量主要来自中国、印度等国。从行业结构看，中国等发展中国家出口隐含碳排放主要来源于第二产业，欧美等更多来源于第三产业。

有些学者测算了中国的消费碳排放量。娄峰（2014）以中国2007年的投入产出表为基础，考虑在能源消费环节征收碳税，先设计出四种能源使用效率的情景，发现能源使用效率越大，单位碳税的碳排放强度边际变化率也越大。然后设计出四种碳税使用方式，发现在征收能源消费碳税的同时降低居民所得税，并保持财政收入中性，可以实现在降低碳排放强度的同时增加社会福利。

傅京燕和李存龙（2015）利用环境投入产出分析和消费品生命周期分析方法，测算了中国居民消费1996—2011年的间接碳排放，发现化工及医药制品等5个部门是高碳排放部门，木材加工制品及文体用品业等9个部门是低碳排放部门。还有一些学者测算了中国不同地区的碳排放量。

汪臻等（2012）采用多准则决策方法，建立了分摊区域间碳减排责任的模型，并将中国2020年的碳减排目标分摊到30个省级地区，发现生产者责任和消费者责任视角下各省（区、市）分摊的碳减排量之间存有较大差异。具体而言，与生产者责任下分摊到的碳减排量相比，山东、河北、广东、江苏、北京、浙江和四川在消费者责任视角下分摊到的碳减排量较高，宁夏、内蒙古、贵州、甘肃、青海和山西等省（区、市）在消费者责任视角下分摊到的碳减排量较低。

张彩云和张运婷（2014）测算了1996—2010年我国东部、中部和西部地区单位消费支出的碳排放量，发现中部和西部地区单位消费支出的碳排放量比东部地区要高，即与东部地区相比，中部和西部地区消费所付出的代价与收益要大，居民的消费行为中承担了更多的责任。研究以STIRPAT模型为基础构建了实证模型，发现东部地区与中部和西部地区的产品贸易将东部地区居民的部分碳排放转移到中部和西部地区，造成了地区间环境不公平。

张艳芳和张宏远（2016）区分了居民消费直接碳排放和间接碳排放，分别核算了1996—2012年陕西省居民消费直接碳排放以及1997年、2002年和2007年陕西省居民消费间接碳排放。结果表明：陕西省居民消费的直接碳排放呈波动式上升趋势，间接碳排放呈先增加后减少趋势。

林秀群等（2017）选择17种能源（包括2种二次能源和15种一次能源），从消费端测算了云南省2000—2014年消费这些能源产生的二氧化碳排放总量，结果表明：云南省终端能源消费碳排放量增长了两倍，生产部门仍然是碳排放的主要来源。

二、消费型碳税政策的效果研究

部分学者对消费型碳税政策的效果进行了理论研究。魏守道和汪前元（2016）考虑两个对称国家组成的开放经济，构建了两国政府确定消费型碳税税率、各国企业确定产量水平的两阶段博弈模型，发现征收消费型碳税下，由于本国政府对产品消费产生的碳排放量征税，增加了消费者购买产品的成本，降低了消费者购买产品的积极性。因此，本国企业和外国企业销量均下降，进而降低各企业利润。

宋妍等（2019）还建立了政府向使用高耗能、高污染产品的消费征税的博弈模型，发现该政策可以推动绿色产品的消费达到最优水平，低收入群体倾向于政府对高耗能产品征收税费。

也有部分学者对消费型碳税政策的效果进行了实证研究。樊勇等（2012）以对汽车使用征收碳税为例，收集2004—2010年中国汽车市场的数据，运用多元回归模型、Kruskal-Wallis检验和Wlicoxon检验方法进行分析检验。结果表明：对汽车的使用征收2 000元以下的碳税对消费者的行为具有显著的作用，仅对使用超常规(4.2 L以上)汽车征收碳税对消费者行为的调节作用不甚明显。

李峰和王文举（2016）构建了汽车碳税的整体公平性和结构公平性两个测度指标，并运用中国城镇居民分组调查数据进行了实证分析。结果表明：征收汽车碳税会在整体上增加城镇居民可支配收入的分配不公平性，降低低收入者的税后收入相对地位而提升高收入者的税后收入相对地位。

García-Muros等（2016）研究了西班牙对食品征收消费型碳税的效果，发现该政策可以有效降低西班牙的碳排放量。

Saelim（2019）研究了泰国对家用产品征收消费型碳税的效果，发现该政策可以降低贫困率，提高居民福利。

Zech和Schneider（2019）研究了欧盟对食品征收消费型碳税的效果，发现该政策可以使碳排放量下降43%。

Caillavet等（2019）研究了法国对食品征收消费型碳税的效果，发现较高的碳税税率会使碳排放量下降15%。

综上所述，学者们对基于消费者责任测算碳排放量和消费型碳税政策的效果有不少的研究成果，但是还存在一些不足之处。学者们的研究成果集中在基于消费者责任测算不同国家（地区）的碳排放量和实证研究消费型碳税政策的效果上，少有学者建立了征收消费型碳税的理论模型，基本没有学者研究供应链的减排研发。本章以两个制造商和单个零售商组成的供应链为研究对象，考虑消费者具有低碳产品偏好以及政府征收消费型碳税，制造商之间可以选择不合作（制造商单独确定批发价格水平和减排研发水平）、半合作（制造商之间仅进行减排研发合作）和完全合作（制造商合作确定批发价格水平和减排研发水平），研究供应链策略选择的效果。

第二节 模型构建与求解

一、基本假设

本章考虑由两个制造商和一个零售商组成的两级供应链。其中，制造商 $m(m=1,2)$ 生产同质产品，产量为 q_m，以批发价格 ω_m 销售给零售商 R，零售商 R 最后以零售价格 p_m 销售给具有低碳产品偏好的消费者。为简化计算，不考虑制造商的生产成本，也不考虑生产过程产生的碳排放。设消费者从最终产品的消费中获得的效用函数为 $U=q_1+q_2-(q_1+q_2)^2/2$，从而可求得消费者剩余函数为 $CS=(q_1+q_2)^2/2$。在产品的消费过程中，设单位产品的消费产生单位碳排放量。为降低产品消费产生的碳排放量，制造商 m 可实施减排研发。在产品定价和减排研发形式方面，制造商之间可以选择不合作、半合作和完全合作。

借鉴 Poyago-Theotoky（2007）的研究，设制造商 m 的减排研发水平为 x_m 时，减排研发成本为 $C_m=x_m^2/2$，减排研发成果可在制造商之间免费溢出，设减排研发溢出率为 $\beta(0<\beta<1)$。从而，消费者消费制造商 m 的产品产生的净碳排放量为 $e_m=q_m-x_m-\beta x_n$，$m,n=1,2,m\neq n$。借鉴 Poyago-Theotoky（2007），设碳排放造成的环境损害函数为 $D=(e_1+e_2)^2/2$。由于碳排放损害环境质量，设政府对产品消费产生的碳排放征收税率为 τ 的消费型碳税，则政府获得的碳税收入为 $T=\tau(e_1+e_2)$。借鉴魏守道和汪前元（2016），引入消费者对低碳产品的偏好程度为 $\theta(0<\theta<1)$，设消费者对制造商 m 的产品的逆需求函数为 $p_m=1-q_m-q_n-\tau-\theta e_m$，从而可求得消费者对制造商 m 的产品的需求函数为：

$$q_m = \frac{\theta-(1+\theta)p_m+p_n+\theta(1-\beta)(x_m-x_n)+\theta^2(x_m+\beta x_n)-\theta\tau}{\theta(2+\theta)} \quad (5-1)$$

零售商 R 的利润函数为：

$$\pi_r = (p_1-\omega_1)q_1+(p_2-\omega_2)q_2 \quad (5-2)$$

制造商 k 的利润函数为：

$$\pi_m = \omega_m q_m - x_m^2/2 \quad (5-3)$$

国家福利函数为 $W = \pi_1+\pi_2+\pi_r+CS+T-D$，整理后有：

$$W = p_1q_1+p_2q_2+(q_1+q_2)^2/2+\tau(e_1+e_2)-(x_1^2+x_2^2)/2-(e_1+e_2)^2/2 \quad (5-4)$$

二、博弈规则

政府与供应链成员之间的博弈顺序如下：第一阶段，政府确定消费型碳税税率；第二阶段，制造商确定减排研发水平；第三阶段，制造商确定产品的批发价格；第四阶段，零售商确定产品的零售价格。

三、模型求解

下面运用逆向归纳法求解各博弈模型。

（一）不合作模型的求解

1. 第四阶段：最终零售价格

给定政府的消费型碳税税率、制造商的减排研发水平和批发价格，零售商以自身利润最大化为目的确定最优零售价格。将(5-1)式代入(5-2)式，零售商确定最优零售价格的问题为：

$$\max_{p_1,p_2}\pi_r = \{(p_1-\omega_1)[\theta-(1+\theta)p_1+p_2+\theta(1-\beta)(x_1-x_2)+\theta^2(x_1+\beta x_2)-\theta\tau]+$$
$$(p_2-\omega_2)[\theta-(1+\theta)p_2+p_1+\theta(1-\beta)(x_2-x_1)+\theta^2(x_2+\beta x_1)-\theta\tau]\}/$$
$$[\theta(2+\theta)] \quad (5-5)$$

联立 $\partial\pi_r/\partial p_1=0$ 和 $\partial\pi_r/\partial p_2=0$，可求得零售商确定的产品零售价格为：

$$p_m^* = \left[1 + \omega_m + \theta(x_m + \beta x_n) - \tau \right] / 2 \tag{5-6}$$

由（5-6）式易知 $\partial p_m^* / \partial \omega_m = 1/2 > 0$，即制造商 m 对产品制定的批发价格越高，零售商的进货成本越大，则零售商会提高该制造商最终产品的零售价格。$\partial p_m^* / \partial \tau = -1/2 < 0$，即政府提高消费型碳税税率会使得零售商降低产品的零售价格。$\partial p_m^* / \partial x_m = \theta/2$，$\partial p_m^* / \partial x_n = \beta\theta/2$，即无论是制造商自己提高自主减排研发水平还是竞争对手提高自主减排研发，都有助于降低消费产品产生的净碳排放量，具有低碳偏好的消费者愿意承担更高的购买价格，因此，零售商会提高产品的零售价格。但与竞争对手提高自主减排研发相比，制造商自己提高自主减排研发水平下零售商可以将其产品的价格定得更高。

2. 第三阶段：最优批发价格

将（5-6）式代入（5-1）式，可求得消费者对制造商 m 产品的需求函数为：

$$q_m^* = \frac{\theta - (1+\theta)\omega_m + \omega_n + \theta(1-\beta)(x_m - x_n) + \theta^2(x_m + \beta x_n) - \theta\tau}{2\theta(2+\theta)} \tag{5-7}$$

给定政府的消费型碳税税率和制造商的减排研发水平，制造商 m 确定最优批发价格的问题为：

$$\max_{\omega_m} \pi_m = \omega_m q_m^* - x_m^2 / 2 \tag{5-8}$$

联立 $\partial \pi_1 / \partial \omega_1 = 0$ 和 $\partial \pi_2 / \partial \omega_2 = 0$，可求得制造商 m 确定的批发价格为：

$$\begin{aligned}
\omega_m^* = \theta\big\{ (3+2\theta)(1-\tau) + [2\theta^2 + (4-\beta)\theta + 1 - \beta] x_m \\
+ [2\beta\theta^2 + (4\beta - 1)\theta - (1-\beta)] x_n \big\} / [(1+2\theta)(3+2\theta)]
\end{aligned} \tag{5-9}$$

根据（5-9）式可求得：$\partial \omega_m^* / \partial \tau = -\theta/(1+2\theta)$，$\operatorname{sign}(\partial \omega_m^* / \partial x_m) = \operatorname{sign}(2\theta^2 + (4-\beta)\theta + 1 - \beta)$，$\operatorname{sign}(\partial \omega_m^* / \partial x_n) = \operatorname{sign}((2\theta^2 + 4\theta + 1)\beta - \theta - 1)$。对任意 $0 \leq \beta \leq 1$，$\theta > 0$，恒有 $\partial \omega_m^* / \partial \tau < 0$；恒有 $2\theta^2 + (4-\beta)\theta + 1 - \beta > 0$，即 $\partial \omega_m^* / \partial x_m > 0$ 恒成立。这就意味着，随着政府提高消费型碳税税率，制造商会降

低其批发价格；随着制造商提高自主减排研发水平，其批发价格也会越来越高。当 $\beta>(1+\theta)/(2\theta^2+4\theta+1)$ 时，有 $\partial\omega_m^*/\partial x_n>0$ 成立，反之则有 $\partial\omega_m^*/\partial x_n<0$ 成立。这就意味着，只有当减排研发溢出率较高时，随着竞争对手提高自主减排研发水平，本企业也可以提高其产品的批发价格，否则本企业会降低其产品的批发价格。

3. 第二阶段：最优减排研发水平

在制造商选择不合作策略下，各制造商以其利润最大化为目的确定最优减排研发水平。给定政府的消费型碳税税率，制造商 m 确定最优减排研发水平的问题为：

$$\max_{x_m}\pi_m=\omega_m^* q_m^* -x_m^2/2 \tag{5-10}$$

联立 $\partial\pi_1/\partial x_1=0$ 和 $\partial\pi_2/\partial x_2=0$，可求得制造商 m 的减排研发水平为：

$$x_m^*=-\frac{\theta(1+\theta)[2\theta^2+(4-\beta)\theta+1-\beta](1-\tau)}{2\alpha_1\theta^5-\alpha_2\theta^4-\alpha_3\theta^3-\alpha_4\theta^2-31\theta-6} \tag{5-11}$$

其中，$\alpha_1=1+\beta$，$\alpha_2=\beta^2-5\beta+2$，$\alpha_3=2\beta^2-3\beta+31$，$\alpha_4=\beta^2+53$。

4. 第一阶段：最优消费型碳税税率

政府以国家福利最大化为目的确定最优消费型碳税税率，政府确定最优消费型碳税税率的问题可表示为：

$$\max_{\tau}W=\sum_{m=1}^{2}p_m^* q_m^* +\left(\sum_{m=1}^{2}q_m^*\right)^2/2+\tau\sum_{m=1}^{2}e_m^* -\sum_{m=1}^{2}(x_m^*)^2/2-\left(\sum_{m=1}^{2}e_m^*\right)^2/2 \tag{5-12}$$

根据 $\partial W/\partial\tau=0$，可求得制造商选择不合作下最优的消费型碳税税率为：

$$\tau^{nc}=\theta(8\alpha_1^2\theta^7-8\alpha_5\theta^6+2\alpha_6\theta^5+2\alpha_7\theta^4+\alpha_8\theta^3+\alpha_9\theta^2+\alpha_{10}\theta+6\alpha_{11})/\Delta_1 \tag{5-13}$$

其中，$\alpha_5=\beta^3-5\beta^2-8\beta-3$，$\alpha_6=\beta^4-22\beta^3+39\beta^2-6\beta-52$，$\alpha_7=5\beta^4-44\beta^3+58\beta^2-187\beta-289$，$\alpha_8=18\beta^4-76\beta^3+197\beta^2-615\beta-1016$，$\alpha_9=14\beta^4-24\beta^3+230\beta^2-375\beta-819$，$\alpha_{10}=4\beta^4+127\beta^2-76\beta-304$，$\alpha_{11}=4\beta^2-7$，$\Delta_1=16\chi_1^2\theta^8-8\chi_1\theta^7+4\chi_2\theta^6+2\chi_3\theta^5+2\chi_4\theta^4+2\chi_5\theta^3+\chi_6\theta^2+3\chi_7\theta+18$，$\chi_1=2\beta^3-8\beta^2-12\beta-3$，$\chi_2=\beta^4-18\beta^3+$

$27\beta^2 - 32\beta - 62$，$\chi_3 = 8\beta^4 - 60\beta^3 + 97\beta^2 - 398\beta - 454$，$\chi_4 = 12\beta^4 - 44\beta^3 + 188\beta^2 - 545\beta - 580$，$\chi_5 = 8\beta^4 - 12\beta^3 + 205\beta^2 - 297\beta - 278$，$\chi_6 = 4\beta^4 + 204\beta^2 - 112\beta + 17$，$\chi_7 = 12\beta^2 + 29$。进而可求得制造商选择不合作策略下的均衡结果为：

$$x_m^{nc} = -\frac{\theta(1+\theta)\left[2\theta^2 + (4-\beta)\theta + 1 - \beta\right](1-\tau^{nc})}{2\alpha_1\theta^5 - \alpha_2\theta^4 - \alpha_3\theta^3 - \alpha_4\theta^2 - 31\theta - 6} \tag{5-14}$$

$$\omega_m^{nc} = \frac{\theta(1 + \theta\alpha_1 x_m^{nc} - \tau^{nc})}{1 + 2\theta} \tag{5-15}$$

$$q_m^{nc} = \frac{1 + \theta\alpha_1 x_m^{nc} - \omega_m^{nc} - \tau^{nc}}{2(2+\theta)} \tag{5-16}$$

$$p_m^{nc} = (1 + \omega_m^{nc} + \theta\alpha_1 x_m^{nc} - \tau^{nc})/2 \tag{5-17}$$

$$\pi_m^{nc} = \omega_m^{nc} q_m^{nc} - (x_m^{nc})^2/2 \tag{5-18}$$

$$\pi_r^{nc} = (p_m^{nc} - \omega_m^{nc})(1 + \theta\alpha_1 x_m^{nc} - \omega_m^{nc} - \tau^{nc})/(2+\theta) \tag{5-19}$$

经比较可知：当 $\beta, \theta \in (0, 1)$ 时，$\mathrm{sign}(\tau^{nc}) = \mathrm{sign}(-\Delta_1)$，$\mathrm{sign}(x_m^{nc}) = \mathrm{sign}(\omega_m^{nc}) = \mathrm{sign}(q_m^{nc}) = \mathrm{sign}(p_m^{nc}) = \mathrm{sign}((4\alpha_1\theta^3 - 2(\beta^2 - 3\beta - 2)\theta^2 - 2(\beta^2 + 3)\theta - 3)\Delta_1)$。令 $\Delta_1 = 0$ 可以求得 $\theta = f_1(\beta)$。如图 5-1 所示，当 $\theta < f_1(\beta)$ 时，有 $\Delta_1 > 0$，从而有 $\tau^{nc} < 0$。当 $\theta > f_1(\beta)$ 时，有 $\Delta_1 < 0$，从而有 $\tau^{nc} > 0$。同理，令 $4\alpha_1\theta^3 - 2(\beta^2 - 3\beta - 2)\theta^2 - 2(\beta^2 + 3)\theta - 3 = 0$ 可求得 $\theta = f_2(\beta)$。当 $\theta < f_2(\beta)$ 时，有 $4\alpha_1\theta^3 - 2(\beta^2 - 3\beta - 2)\theta^2 - 2(\beta^2 + 3)\theta - 3 > 0$；当 $\theta > f_2(\beta)$ 时，有 $4\alpha_1\theta^3 - 2(\beta^2 - 3\beta - 2)\theta^2 - 2(\beta^2 + 3)\theta - 3 < 0$。由于 $f_1(\beta) < f_2(\beta)$，因此，当 $\theta < f_1(\beta)$ 时，有 $\tau^{nc} < 0$，$x_m^{nc} > 0$，$\omega_m^{nc} > 0$，$q_m^{nc} > 0$，$p_m^{nc} > 0$，即政府对消费者征收的碳税为负，制造商的减排研发水平、产品批发价格、产量和零售价格均为正。当 $f_1(\beta) < \theta < f_2(\beta)$ 时，有 $\tau^{nc} > 0$，$x_m^{nc} < 0$，$\omega_m^{nc} < 0$ 和 $q_m^{nc} < 0$，$p_m^{nc} < 0$，即政府对消费者征收的碳税为正，制造商的减排研发水平、产品批发价格、产量和零售价格均为负。当 $f_2(\beta) < \theta < 1$ 时，有 $\tau^{nc} > 0$，$x_m^{nc} > 0$，$\omega_m^{nc} > 0$，$q_m^{nc} > 0$，$p_m^{nc} > 0$，即政府对消费者征收的碳税、制造商的减排研发水平、产品批发价格、产量和零售价格均为正，此时不合作模型的均衡解均为正。

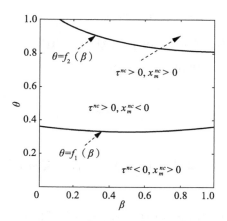

图 5-1　不合作模型有内点解的条件

（二）半合作模型的求解

制造商选择半合作模型的第三阶段和第四阶段的求解同制造商选择不合作模型，即零售商对制造商 m 生产的最终产品确定的零售价格见（5-6）式，制造商 m 确定的批发价格见（5-9）式，下面依次求解制造商选择半合作模型的第二阶段和第一阶段。

1. 第二阶段：最优减排研发水平

记制造商的利润之和为 $\pi_{mn}=\pi_m+\pi_n$。与制造商选择不合作策略不同的是，在制造商选择半合作策略下，每个制造商确定最优减排研发水平以最大化制造商的利润之和。给定政府的消费型碳税税率，制造商 m 确定最优减排研发水平的问题可以描述为：

$$\max_{x_m,x_n}\pi_{mn}=\omega_m^* q_m^*+\omega_n^* q_n^*-(x_m^2+x_n^2)/2 \tag{5-20}$$

联立 $\partial\pi_{mn}/\partial x_m=0$，$\partial\pi_{mn}/\partial x_n=0$，可求得制造商 m 的减排研发水平为：

$$\tilde{x}_m^*=-\frac{\alpha_1\delta_1\theta^2(1-\tau)}{\beta(\alpha_1+1)\theta^3\delta_1+\delta_2} \tag{5-21}$$

其中，$\delta_1=1+\theta$，$\delta_2=\theta^4-3\theta^3-12\theta^2-9\theta-2$。

2. 第一阶段：最优消费型碳税税率

与制造商选择不合作策略相同，政府也以国家福利最大化为目的确定最优消费型碳税税率，该问题可以描述为：

$$\max_{\tau} \widetilde{W} = \sum_{m=1}^{2} p_m^* q_m^* + \left(\sum_{m=1}^{2} q_m^* \right)^2 / 2 + \tau \sum_{m=1}^{2} \tilde{e}_m^* - \sum_{m=1}^{2} (\tilde{x}_m^*)^2 / 2 - \left(\sum_{m=1}^{2} \tilde{e}_m^* \right)^2 / 2$$

$$(5-22)$$

根据 $\partial \widetilde{W} / \partial \tau = 0$，可求得制造商选择半合作策略下最优的消费型碳税税率为：

$$\tau^{sc} = \theta \left[2\beta^3 \theta^3 \delta_1 (\delta_1 + 1)(\alpha_1 + 3) + \beta^2 \theta \delta_3 + 2\beta \theta \delta_4 + \delta_5 \delta_6 \right] / \Delta_2 \qquad (5-23)$$

其中，$\Delta_2 = 4\beta^3(\alpha_1 + 3)\theta^4 \delta_1^2 + 2\beta^2 \theta^2 \delta_7 + 4\beta \theta^2 \delta_8 + \delta_9$，$\delta_3 = 12\theta^4 + 28\theta^3 - 9\theta^2 - 31\theta - 8$，$\delta_4 = 4\theta^4 + 4\theta^3 - 25\theta^2 - 31\theta - 8$，$\delta_5 = \theta^2 + 3\theta + 1$，$\delta_6 = 2\theta^3 - 8\theta^2 - 11\theta - 2$，$\delta_7 = 12\theta^4 + 15\theta^3 - 18\theta^2 - 25\theta - 6$，$\delta_8 = 4\theta^4 - \theta^3 - 26\theta^2 - 25\theta - 6$，$\delta_9 = 4\theta^6 - 10\theta^5 - 52\theta^4 - 34\theta^3 + 9\theta^2 + 11\theta + 2$。进而可求得制造商选择半合作策略下的均衡结果为：

$$x_m^{sc} = -\frac{\alpha_1 \delta_1 \theta^2 (1 - \tau^{sc})}{\beta(\alpha_1 + 1)\theta^3 \delta_1 + \delta_2} \qquad (5-24)$$

$$\omega_m^{sc} = \frac{\theta(1 + \theta \alpha_1 x_m^{sc} - \tau^{sc})}{1 + 2\theta} \qquad (5-25)$$

$$q_m^{sc} = \frac{1 + \theta \alpha_1 x_m^{sc} - \omega_m^{sc} - \tau^{sc}}{2(2 + \theta)} \qquad (5-26)$$

$$p_m^{sc} = (1 + \omega_m^{sc} + \theta \alpha_1 x_m^{sc} - \tau^{sc}) / 2 \qquad (5-27)$$

$$\pi_m^{sc} = \omega_m^{sc} q_m^{sc} - (x_m^{sc})^2 / 2 \qquad (5-28)$$

$$\pi_r^{sc} = (p_m^{sc} - \omega_m^{sc})(1 + \theta \alpha_1 x_m^{sc} - \omega_m^{sc} - \tau^{sc}) / (2 + \theta) \qquad (5-29)$$

经比较可知：当 $\beta, \theta \in (0, 1)$ 时，$\text{sign}(\tau^{sc}) = \text{sign}(-\Delta_2)$，$\text{sign}(x_m^{sc}) = \text{sign}(\omega_m^{sc}) = \text{sign}(q_m^{sc}) = \text{sign}(p_m^{sc}) = \text{sign}(-(2\alpha_1^2 \theta^2 - 2\theta - 1)\Delta_2)$。令 $\Delta_2 = 0$ 可以求得 $\theta = f_3(\beta)$。如图 5-2 所示，当 $\theta < f_3(\beta)$ 时，有 $\Delta_2 > 0$，从而有 $\tau^{sc} < 0$。当 $\theta > f_3(\beta)$ 时，有 $\Delta_2 < 0$，从而有 $\tau^{sc} > 0$。同理，令 $2\alpha_1^2 \theta^2 - 2\theta - 1 = 0$ 可求得 $\theta = f_4(\beta)$。当 $\theta < f_4(\beta)$ 时，有 $2\alpha_1^2 \theta^2 - 2\theta - 1 < 0$。当 $\theta > f_4(\beta)$ 时，有 $2\alpha_1^2 \theta^2 - 2\theta - 1 > 0$。

由于 $f_3(\beta) < f_4(\beta)$，因此，当 $\theta < f_3(\beta)$ 时，有 $\tau^{sc} < 0$，$x_m^{sc} > 0$，$\omega_m^{sc} > 0$，$q_m^{sc} > 0$，$p_m^{sc} > 0$，即政府对消费者征收的碳税为负，制造商的减排研发水平、产品批发价格、产量和零售价格均为正。当 $f_3(\beta) < \theta < f_4(\beta)$ 时，有 $\tau^{sc} > 0$，$x_m^{sc} < 0$，$\omega_m^{sc} < 0$ 和 $q_m^{sc} < 0$，$p_m^{sc} < 0$，即政府对消费者征收的碳税为正，制造商的减排研发水平、产品批发价格、产量和零售价格均为负。当 $f_4(\beta) < \theta < 1$ 时，有 $\tau^{sc} > 0$，$x_m^{sc} > 0$，$\omega_m^{sc} > 0$，$q_m^{sc} > 0$，$p_m^{sc} > 0$，即政府对消费者征收的碳税、制造商的减排研发水平、产品批发价格、产量和零售价格均为正，此时半合作模型的均衡解均为正。

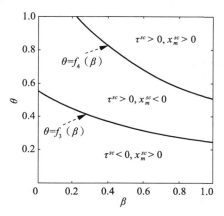

图 5-2　半合作模型有内点解的条件

（三）完全合作模型的求解

完全合作模型的第四阶段的求解同不合作模型，即零售商对制造商 m 生产的最终产品确定的零售价格见（5-6）式，下面依次求解完全合作模型的第三阶段、第二阶段和第一阶段。

1. 第三阶段：最优批发价格

与不合作模型和半合作模型不同的是，在完全合作模型下，每个制造商确定最优批发价格以最大化制造商的利润之和。给定政府的消费型碳税税率和制造商的减排研发水平，制造商 m 确定最优批发价格的问题可以描述为：

$$\max_{\omega_m,\omega_n} \pi_{mn} = \omega_m q_m^* + \omega_n q_n^* - (x_m^2 + x_n^2)/2 \qquad (5-30)$$

联立 $\partial \pi_{mn}/\partial \omega_m = 0$，$\partial \pi_{mn}/\partial \omega_n = 0$，可求得制造商 m 制定的批发价格为：

$$\tilde{\omega}_m^{**} = [1 + \theta(x_m + \beta x_n) - \tau]/2 \qquad (5-31)$$

2. 第二阶段：最优减排研发水平

与制造商选择半合作策略相同，在制造商选择完全合作策略下，每个制造商也以制造商的利润之和最大化为目的确定最优减排研发水平。给定政府的消费型碳税税率，制造商 m 确定最优减排研发水平的问题可以描述为：

$$\max_{x_m,x_n} \pi_{mn} = \tilde{\omega}_m^{**} q_m^* + \tilde{\omega}_n^{**} q_n^* - (x_m^2 + x_n^2)/2 \qquad (5-32)$$

联立 $\partial \pi_{mn}/\partial x_m = 0$，$\partial \pi_{mn}/\partial x_n = 0$，可求得制造商 m 的减排研发水平为：

$$\tilde{x}_m^{**} = -\frac{\theta \alpha_1 (1-\tau)}{\theta^2 \alpha_1^2 - 4(\delta_1 + 1)} \qquad (5-33)$$

3. 第一阶段：最优消费型碳税税率

与制造商选择不合作策略和选择半合作策略相同，制造商选择完全合作策略下政府也以国家福利最大化为目的确定最优消费型碳税税率，该问题可以描述为：

$$\max_{\tau} \widetilde{W}^{**} = \sum_{m=1}^{2} p_m^* q_m^{**} + \left(\sum_{m=1}^{2} q_m^{**} \right)^2/2 + \tau \sum_{m=1}^{2} \tilde{e}_m^{**} - \sum_{m=1}^{2} (\tilde{x}_m^{**})^2/2 -$$
$$\left(\sum_{m=1}^{2} \tilde{e}_m^{**} \right)^2/2 \qquad (5-34)$$

根据 $\partial \widetilde{W}^{**}/\partial \tau = 0$，可求得制造商选择完全合作策略下最优的消费型碳税税率为：

$$\tau^{cc} = [(\alpha_1 + 3)(\delta_1 + 1)\theta^2 \beta^3 + 2\theta\beta^2 \delta_{10} + 4\theta\beta\delta_{11} + \delta_{12}]/\Delta_3 \qquad (5-35)$$

其中，$\Delta_3 = 2(\alpha_1 + 3)\delta_1 \theta^2 \beta^3 + \beta^2 \theta\delta_{13} + 2\beta\theta\delta_{14} + \delta_{15}$，$\delta_{10} = 3\theta^2 + 4\theta - 6$，$\delta_{11} =$

θ^2-6，$\delta_{12}=\theta^3-2\theta^2-14\theta-4$，$\delta_{13}=12\theta^2+3\theta-20$，$\delta_{14}=4\theta^2-5\theta-20$，$\delta_{15}=2\theta^3-7\theta^2-18\theta+4$。进而可求得制造商选择完全合作策略下的均衡结果为：

$$x_m^{cc}=-\frac{\theta\alpha_1(1-\tau^{cc})}{\theta^2\alpha_1^2-4(\delta_1+1)} \tag{5-36}$$

$$\omega_m^{cc}=\left[1+\theta(1+\beta)x_m^{cc}-\tau^{cc}\right]/2 \tag{5-37}$$

$$q_m^{cc}=\frac{\theta-\theta\omega_m^{cc}+(1+\beta)\theta^2x_m^{cc}}{2\theta(2+\theta)} \tag{5-38}$$

$$p_m^{cc}=\left[1+\omega_m^{cc}+\theta(1+\beta)x_m^{cc}\right]/2 \tag{5-39}$$

$$\pi_m^{cc}=\omega_m^{cc}q_m^{cc}-(x_m^{cc})^2/2 \tag{5-40}$$

$$\pi_r^{cc}=2(p_m^{cc}-\omega_m^{cc})\left[\theta-\theta p_m^{cc}+(1+\beta)\theta^2x_m^{cc}\right]/\left[\theta(2+\theta)\right] \tag{5-41}$$

经比较可知：当 $\beta,\theta\in(0,1)$ 时，$\mathrm{sign}(\tau^{cc})=\mathrm{sign}(-\Delta_3)$，$\mathrm{sign}(x_m^{cc})=\mathrm{sign}(\omega_m^{cc})=\mathrm{sign}(q_m^{cc})=\mathrm{sign}(p_m^{cc})=\mathrm{sign}(-(\theta\alpha_1^2-1)\Delta_3)$。令 $\Delta_3=0$ 可以求得 $\theta=f_5(\beta)$。如图 5-3 所示，当 $\theta<f_5(\beta)$ 时，有 $\Delta_3>0$，从而有 $\tau^{cc}<0$。当 $\theta>f_5(\beta)$ 时，有 $\Delta_3<0$，从而有 $\tau^{cc}>0$。同理，令 $\theta\alpha_1^2-1=0$ 可求得 $\theta=f_6(\beta)$。当 $\theta<f_6(\beta)$ 时，有 $\theta\alpha_1^2-1<0$。当 $\theta>f_6(\beta)$ 时，有 $\theta\alpha_1^2-1>0$。由于 $f_5(\beta)<f_6(\beta)$，因此，当 $\theta<f_5(\beta)$ 时，有 $\tau^{cc}<0$，$x_m^{cc}>0$，$\omega_m^{cc}>0$，$q_m^{cc}>0$，$p_m^{cc}>0$，即政府对消费者征收的碳税为负，制造商的减排研发水平、产品批发价格、产量和零售价格均为正。当 $f_5(\beta)<\theta<f_6(\beta)$ 时，有 $\tau^{cc}>0$，$x_m^{cc}<0$，$\omega_m^{cc}<0$，$q_m^{cc}<0$，$p_m^{cc}<0$，即政府对消费者征收的碳税为正，制造商的减排研发水平、产品批发价格、产量和零售价格均为负。当 $f_6(\beta)<\theta<1$ 时，有 $\tau^{cc}>0$，$x_m^{cc}>0$，$\omega_m^{cc}>0$，$q_m^{cc}>0$，$p_m^{cc}>0$，即政府对消费者征收的碳税、制造商的减排研发水平、产品批发价格、产量和零售价格均为正，此时完全合作模型的均衡解均为正。

综合起来，如图 5-4 所示，为保证制造商选择不合作模型、半合作模型和完全合作模型均有均衡解，需满足 $\max(f_2(\beta),f_4(\beta))<\theta<1$。

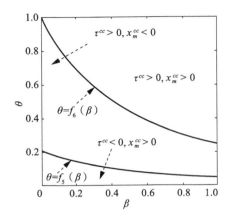

图5-3 完全合作模型有内点解的条件

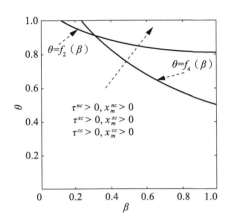

图5-4 各模型均有内点解的条件

第三节 减排研发策略选择的效果分析

一、减排研发水平比较

根据(5-14)式、(5-24)式和(5-36)式，可以比较政府实施消费型碳税政策下制造商选择不合作策略、半合作策略与完全合作策略时制造商的减排研发水平，结果如下：

$$
\begin{cases}
x_m^{sc}-x_m^{nc}=-\theta\delta_1(2\delta_1-1)(\beta\varphi_1-\delta_1)(4\beta^4\theta^3\delta_1\varphi_2-4\beta^3\theta^3\varphi_3\varphi_4- \\
\quad 2\beta^2\theta\varphi_5-2\beta\theta^2\varphi_6-\varphi_7)/(\Delta_1\Delta_2) \\
x_m^{cc}-x_m^{nc}=-\theta(2\beta^5\theta^2\delta_1\varphi_8-2\beta^4\theta^2\varphi_9-\beta^3\theta\varphi_{10}-2\beta^2\theta\varphi_{11}- \quad\quad (5-42) \\
\quad \beta\varphi_{12}+\varphi_{13})/(\Delta_1\Delta_3) \\
x_m^{cc}-x_m^{sc}=\alpha_1\theta[2\beta^3(\alpha_1+3)\theta^3\varphi_{14}+\beta^2\theta\varphi_{15}+2\beta\theta\varphi_{16}+\varphi_{17}]/(\Delta_2\Delta_3)
\end{cases}
$$

其中，$\varphi_1,\varphi_2,\cdots,\varphi_{17}$ 的表达式较为复杂，有兴趣的读者可向作者索取。根据(5-42)式，容易证明：对于 $\max(f_2(\beta),f_4(\beta))<\theta<1$，有 $\mathrm{sign}(x_m^{sc}-x_m^{nc})=\mathrm{sign}(-(\beta\varphi_1-\delta_1)(4\beta^4\theta^3\delta_1\varphi_2-4\beta^3\theta^3\varphi_3\varphi_4-2\beta^2\theta\varphi_5-2\beta\theta^2\varphi_6-\varphi_7))$，$\mathrm{sign}(x_m^{cc}-$

$x_m^{nc}) = \text{sign}\left(-\left(2\beta^5\theta^2\delta_1\varphi_8 - 2\beta^4\theta^2\varphi_9 - \beta^3\theta\varphi_{10} - 2\beta^2\theta\varphi_{11} - \beta\varphi_{12} + \varphi_{13}\right)\right)$，$\text{sign}\left(x_m^{cc} - x_m^{sc}\right) = \text{sign}\left(2\beta^3(\alpha_1 + 3)\theta^3\varphi_{14} + \beta^2\theta\varphi_{15} + 2\beta\theta\varphi_{16} + \varphi_{17}\right)$，并且恒有 $2\beta^5\theta^2\delta_1\varphi_8 - 2\beta^4\theta^2\varphi_9 - \beta^3\theta\varphi_{10} - 2\beta^2\theta\varphi_{11} - \beta\varphi_{12} + \varphi_{13} < 0$，$2\beta^3(\alpha_1 + 3)\theta^3\varphi_{14} + \beta^2\theta\varphi_{15} + 2\beta\theta\varphi_{16} + \varphi_{17} > 0$。因此，当 $\max(f_2(\beta), f_4(\beta)) < \theta < 1$ 时，$x_m^{cc} > x_m^{nc}$ 和 $x_m^{cc} > x_m^{sc}$ 恒成立。也就是说，与制造商选择不合作策略或半合作策略相比，制造商选择完全合作策略会提高制造商的减排研发水平。令 $x_m^{sc} = x_m^{nc}$，有 $\theta = g(\beta)$。

结合上述三个模型均有内点解的条件（$\max(f_2(\beta), f_4(\beta)) < \theta < 1$），如图 5-5所示，当 $f_4(\beta) < \theta < g(\beta)$ 时，有 $x_m^{sc} < x_m^{nc}$，即与制造商选择不合作策略相比，制造商选择半合作策略会降低制造商的减排研发水平；当 $\max(g(\beta), f_2(\beta)) < \theta < 1$ 时，有 $x_m^{sc} > x_m^{nc}$，即与制造商选择不合作策略相比，制造商选择半合作策略会提高制造商的减排研发水平。因此，根据制造商选择不合作策略、半合作策略与完全合作策略时制造商的减排研发水平比较，可以有如下命题：

命题1 当 $\max(f_2(\beta), f_4(\beta)) < \theta < 1$ 时，若 $f_4(\beta) < \theta < g(\beta)$，有 $x_m^{sc} < x_m^{nc} < x_m^{cc}$；若 $\max(g(\beta), f_2(\beta)) < \theta < 1$ 时，有 $x_m^{nc} < x_m^{sc} < x_m^{cc}$。

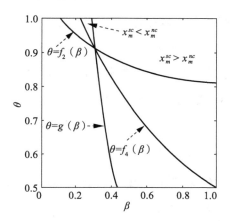

图5-5 不合作与半合作下制造商的减排研发水平比较

命题1意味着，如果政府实施消费型碳税政策，完全合作策略下制造商的减排研发水平最高，不合作策略与半合作策略下制造商的减排研发水平不相上下。具体而言，若消费者对低碳产品的偏好程度和减排研发成果的溢出率之间能满足 $f_4(\beta) < \theta < g(\beta)$，半合作策略下制造商的减排研发水平低于不合作策略下的减排研发水平。即与不合作策略相比，制造商选择半合作策略会降低制造商的减排研发水平，完全合作策略会提高制造商的减排研发水平。若消费者对低碳产品的偏好程度和减排研发成果的溢出率之间能满足 $\max(g(\beta), f_2(\beta)) < \theta < 1$，半合作策略下制造商的减排研发水平高于不合作策略下的减排研发水平。即与不合作策略相比，制造商选择半合作策略和完全合作策略均会提高制造商的减排研发水平，且制造商选择完全合作策略更能提高制造商的减排研发水平。相对而言，$f_4(\beta) < \theta < g(\beta)$ 所占的面积小于 $\max(g(\beta), f_2(\beta)) < \theta < 1$ 所占的面积，即制造商选择半合作策略下制造商的减排研发水平有较大可能性高于不合作策略下的减排研发水平。

二、净碳排放量比较

记制造商选择不合作策略下制造商 m 的净碳排放量为 $e_m^{nc} = q_m^{nc} - x_m^{nc} - \beta x_n^{nc}$，选择半合作策略下制造商 m 的净碳排放量为 $e_m^{sc} = q_m^{sc} - x_m^{sc} - \beta x_n^{sc}$，选择完全合作策略下制造商 m 的净碳排放量为 $e_m^{cc} = q_m^{cc} - x_m^{cc} - \beta x_n^{cc}$。根据（5-14）式、（5-16）式、（5-24）式、（5-26）式、（5-36）式和（5-38）式，可以比较政府实施消费型碳税政策下制造商选择不合作策略、半合作策略与完全合作策略时制造商的净碳排放量，结果如下：

$$\begin{cases} e_m^{sc} - e_m^{nc} = \theta \delta_1 (2\delta_1 - 1)(\beta \varphi_1 - \delta_1)(4\beta^4 \theta^3 \varphi_1 \varphi_2 - 2\beta^3 \theta \varphi_3 - \\ \qquad 2\beta^2 \theta \varphi_4 - 2\beta \varphi_5 - \varphi_6)/(\Delta_1 \Delta_2) \\ e_m^{cc} - e_m^{nc} = \theta(4\beta^6 \theta^2 \delta_1 \varphi_7 - 4\beta^5 \theta^2 \varphi_8 - 2\beta^4 \theta \varphi_9 - 4\beta^3 \theta \varphi_{10} - \\ \qquad \beta^2 \varphi_{11} - 2\beta \varphi_{12} + \varphi_{13})/(2\Delta_1 \Delta_3) \\ e_m^{cc} - e_m^{sc} = \alpha_1^2 \theta [4\beta^3 \theta^3 (\alpha_1 + 3)\varphi_{14} + 2\beta^2 \theta \varphi_{15} + 4\beta \theta \varphi_{16} + \\ \qquad \varphi_{17}]/(2\Delta_2 \Delta_3) \end{cases} \qquad (5-43)$$

其中，$\varphi_1, \varphi_2, \cdots, \varphi_{17}$ 的表达式较为复杂，有兴趣的读者可向作者索取。

根据（5-43）式，易证：对 $\max(f_2(\beta), f_4(\beta)) < \theta < 1$，有 $\text{sign}(e_m^{sc} - e_m^{nc}) = \text{sign}((\beta\varphi_1 - \delta_1)(4\beta^4\theta^3\varphi_1\varphi_2 - 2\beta^3\theta\varphi_3 - 2\beta^2\theta\varphi_4 - 2\beta\varphi_5 - \varphi_6))$，$\text{sign}(e_m^{cc} - e_m^{nc}) = \text{sign}(4\beta^6\theta^2\delta_1\varphi_7 - 4\beta^5\theta^2\varphi_8 - 2\beta^4\theta\varphi_9 - 4\beta^3\theta\varphi_{10} - \beta^2\varphi_{11} - 2\beta\varphi_{12} + \varphi_{13})$，$\text{sign}(e_m^{cc} - e_m^{sc}) = \text{sign}(4\beta^3\theta^3(\alpha_1 + 3)\varphi_{14} + 2\beta^2\theta\varphi_{15} + 4\beta\theta\varphi_{16} + \varphi_{17})$。并且，$4\beta^6\theta^2\delta_1\varphi_7 - 4\beta^5\theta^2\varphi_8 - 2\beta^4\theta\varphi_9 - 4\beta^3\theta\varphi_{10} - \beta^2\varphi_{11} - 2\beta\varphi_{12} + \varphi_{13} < 0$，$4\beta^3\theta^3(\alpha_1 + 3)\varphi_{14} + 2\beta^2\theta\varphi_{15} + 4\beta\theta\varphi_{16} + \varphi_{17} < 0$，即有 $e_m^{cc} < e_m^{nc}$ 和 $e_m^{cc} < e_m^{sc}$。也就是说，与不合作策略和半合作策略相比，制造商选择完全合作策略均会降低制造商的净碳排放量。令 $e_m^{sc} - e_m^{nc} = 0$，如图 5-6 所示，即可求得 $\theta = h_1(\beta)$（舍去）和 $\theta = h_2(\beta)$。当 $\max(h_2(\beta), f_4(\beta)) < \theta < 1$ 时，有 $e_m^{sc} > e_m^{nc}$，即与不合作策略相比，制造商选择半合作策略会增加制造商的净碳排放量。当 $\max(f_2(\beta), f_4(\beta)) < \theta < \min(h_2(\beta), 1)$ 时，有 $e_m^{sc} < e_m^{nc}$，即与不合作策略相比，制造商选择半合作策略会降低制造商的净碳排放量。因此，根据制造商选择不合作策略、半合作策略与完全合作策略时制造商的净碳排放量比较，可以有如下命题：

命题 2 当 $\max(f_2(\beta), f_4(\beta)) < \theta < 1$ 时，若 $\max(h_2(\beta), f_4(\beta)) < \theta < 1$，有 $e_m^{cc} < e_m^{nc} < e_m^{sc}$；若 $\max(f_2(\beta), f_4(\beta)) < \theta < \min(h_2(\beta), 1)$，有 $e_m^{cc} < e_m^{sc} < e_m^{nc}$。

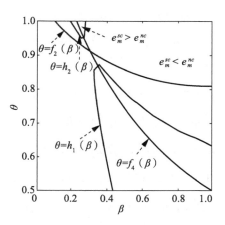

图 5-6 不合作与半合作下制造商的净碳排放量比较

命题 2 意味着，如果政府实施消费型碳税政策，完全合作下制造商的净碳排放量是最低的，不合作策略与半合作策略下制造商的净碳排放量不相上下。具体而言，若消费者对低碳产品的偏好程度和减排研发成果的溢出率之间能满足 $\max(h_2(\beta),f_4(\beta))<\theta<1$，半合作策略下制造商的净碳排放量高于不合作策略下的净碳排放量。即与不合作策略相比，制造商选择半合作策略会增加制造商的净碳排放量，完全合作策略会降低制造商的净碳排放量。若消费者对低碳产品的偏好程度和减排研发成果的溢出率之间能满足 $\max(f_2(\beta),f_4(\beta))<\theta<\min(h_2(\beta),1)$，半合作策略下制造商的净碳排放量低于不合作策略下的净碳排放量。即与不合作策略相比，制造商选择半合作策略和完全合作策略均会降低制造商的净碳排放量，且制造商选择完全合作策略更能降低制造商的净碳排放量。相对而言，$\max(f_2(\beta),f_4(\beta))<\theta<\min(h_2(\beta),1)$ 所占的面积大于 $\max(h_2(\beta),f_4(\beta))<\theta<1$ 所占的面积，即制造商选择半合作策略下制造商的净碳排放量有较大可能性低于不合作策略下的净碳排放量。

三、企业利润比较

（一）制造商的利润比较

根据(5-18)式、(5-28)式和(5-40)式，可以比较政府实施消费型碳税政策下制造商选择不合作策略、半合作策略与完全合作策略时制造商的利润，结果如下：

$$
\begin{cases}
\pi_m^{sc}-\pi_m^{nc}=-\theta^2\delta_1(2\delta_1-1)(\beta\varphi_1-\delta_1)(4\beta^{11}\eta_1+\beta^{10}\eta_2+\beta^9\eta_3+\beta^8\eta_4+\beta^7\eta_5+\\
\qquad\qquad\quad \beta^6\eta_6+\beta^5\eta_7+\beta^4\eta_8+\beta^3\eta_9+\beta^2\eta_{10}+\beta\eta_{11}+\eta_{12})/(2\Delta_1^2\Delta_2^2)\\[2mm]
\pi_m^{cc}-\pi_m^{nc}=-(\beta^{12}\lambda_1+\beta^{11}\lambda_2+\beta^{10}\lambda_3+\beta^9\lambda_4+\beta^8\lambda_5+\beta^7\lambda_6+\beta^6\lambda_7+\\
\qquad\qquad\quad \beta^5\lambda_8+\beta^4\lambda_9+\beta^3\lambda_{10}+\beta^2\lambda_{11}+\beta\lambda_{12}+\lambda_{13})/(2\Delta_1^2\Delta_3^2)\\[2mm]
\pi_m^{cc}-\pi_m^{sc}=(\beta^{12}\nu_1+\beta^{11}\nu_2+\beta^{10}\nu_3+\beta^9\nu_4+\beta^8\nu_5+\beta^7\nu_6+\beta^6\nu_7+\\
\qquad\qquad\quad \beta^5\nu_8+\beta^4\nu_9+\beta^3\nu_{10}+\beta^2\nu_{11}+\beta\nu_{12}+\nu_{13})/(2\Delta_2^2\Delta_3^2)
\end{cases}
$$

$$(5-44)$$

其中，$\eta_1,\eta_2,\cdots,\eta_{12},\lambda_1,\lambda_2,\cdots,\lambda_{13},\nu_1,\nu_2,\cdots,\nu_{13}$ 的表达式较为复杂，

有兴趣的读者可向作者索取。根据(5-44)式，容易证明：对于 $\max(f_2(\beta),$ $f_4(\beta))<\theta<1$，有 $\text{sign}(\pi_m^{sc}-\pi_m^{nc})=\text{sign}(-(\beta\varphi_1-\delta_1)\cdot(4\beta^{11}\eta_1+\beta^{10}\eta_2+\beta^9\eta_3+\beta^8\eta_4+$ $\beta^7\eta_5+\beta^6\eta_6+\beta^5\eta_7+\beta^4\eta_8+\beta^3\eta_9+\beta^2\eta_{10}+\beta\eta_{11}+\eta_{12}))$，$\text{sign}(\pi_m^{cc}-\pi_m^{nc})=\text{sign}(-(\beta^{12}\lambda_1$ $+\beta^{11}\lambda_2+\beta^{10}\lambda_3+\beta^9\lambda_4+\beta^8\lambda_5+\beta^7\lambda_6+\beta^6\lambda_7+\beta^5\lambda_8+\beta^4\lambda_9+\beta^3\lambda_{10}+\beta^2\lambda_{11}+\beta\lambda_{12}+\lambda_{13}))$，$\text{sign}(\pi_m^{cc}-\pi_m^{sc})=\text{sign}(\beta^{12}\nu_1+\beta^{11}\nu_2+\beta^{10}\nu_3+\beta^9\nu_4+\beta^8\nu_5+\beta^7\nu_6+\beta^6\nu_7+\beta^5\nu_8+\beta^4\nu_9+$ $\beta^3\nu_{10}+\beta^2\nu_{11}+\beta\nu_{12}+\nu_{13})$。并且，$\beta^{12}\lambda_1+\beta^{11}\lambda_2+\beta^{10}\lambda_3+\beta^9\lambda_4+\beta^8\lambda_5+\beta^7\lambda_6+\beta^6\lambda_7+$ $\beta^5\lambda_8+\beta^4\lambda_9+\beta^3\lambda_{10}+\beta^2\lambda_{11}+\beta\lambda_{12}+\lambda_{13}<0$，$\beta^{12}\nu_1+\beta^{11}\nu_2+\beta^{10}\nu_3+\beta^9\nu_4+\beta^8\nu_5+\beta^7\nu_6+$ $\beta^6\nu_7+\beta^5\nu_8+\beta^4\nu_9+\beta^3\nu_{10}+\beta^2\nu_{11}+\beta\nu_{12}+\nu_{13}>0$，即有 $\pi_m^{cc}>\pi_m^{nc}$ 和 $\pi_m^{cc}>\pi_m^{sc}$。也就是说，与不合作策略和半合作策略相比，制造商选择完全合作策略均会增加制造商的利润。令 $\pi_m^{sc}-\pi_m^{nc}=0$，如图 5-7 所示，即可求得 $\theta=h_3(\beta)$（舍去）和 $\theta=h_2(\beta)$。当 $\max(h_2(\beta),f_4(\beta))<\theta<1$ 时，有 $\pi_m^{sc}<\pi_m^{nc}$，即与不合作策略相比，制造商选择半合作策略会降低制造商的利润。当 $\max(f_2(\beta),f_4(\beta))<\theta<\min(h_2(\beta),1)$ 时，有 $\pi_m^{sc}>\pi_m^{nc}$，即与不合作策略相比，制造商选择半合作策略会增加制造商的利润。因此，根据制造商选择不合作策略、半合作策略与完全合作策略时制造商的利润比较，可以有如下命题：

命题 3　当 $\max(f_2(\beta),f_4(\beta))<\theta<1$ 时，若 $\max(h_2(\beta),f_4(\beta))<\theta<1$，有 $\pi_m^{sc}<\pi_m^{nc}<\pi_m^{cc}$；若 $\max(f_2(\beta),f_4(\beta))<\theta<\min(h_2(\beta),1)$，有 $\pi_m^{nc}<\pi_m^{sc}<\pi_m^{cc}$。

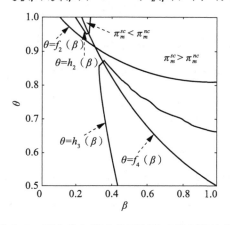

图 5-7　不合作与半合作下制造商的利润比较

命题 3 意味着，如果政府实施消费型碳税政策，完全合作策略下制造商可以获得最多利润，不合作策略与半合作策略下制造商的利润不相上下。具体而言，若消费者对低碳产品的偏好程度和减排研发成果的溢出率之间能满足 $\max(h_2(\beta),f_4(\beta))<\theta<1$，与不合作策略相比，制造商选择半合作策略会降低制造商的利润，完全合作策略会增加制造商的利润。若消费者对低碳产品的偏好程度和减排研发成果的溢出率之间能满足 $\max(f_2(\beta),f_4(\beta))<\theta<\min(h_2(\beta),1)$，与不合作策略相比，制造商选择半合作策略和完全合作策略均会增加制造商的利润，而且完全合作策略下制造商的利润较高。相比较而言，$\max(f_2(\beta),f_4(\beta))<\theta<\min(h_2(\beta),1)$ 所占的面积大于 $\max(h_2(\beta),f_4(\beta))<\theta<1$ 所占的面积，即制造商选择半合作策略的利润有较大可能性获得高于不合作策略下的利润。

（二）零售商的利润比较

根据(5-19)式、(5-29)式和(5-41)式，可以比较政府实施消费型碳税政策下制造商选择不合作策略、半合作策略与完全合作策略时零售商的利润，结果如下：

$$
\begin{cases}
\pi_r^{sc}-\pi_r^{nc}=-2\theta\delta_1^2(\delta_1+1)(2\delta_1-1)^2(\beta\varphi_1-\delta_1)(\beta^5 v_1+\beta^4 v_2+\beta^3 v_3+\beta^2 v_4+\\
\qquad \beta v_5+v_6)(\beta^6 v_7+\beta^5 v_8+\beta^4 v_9+\beta^3 v_{10}+\beta^2 v_{11}+\beta v_{12}+v_{13})/(\Delta_1^2\Delta_2^2)\\
\pi_r^{cc}-\pi_r^{nc}=-\theta(\delta_1+1)(\beta^6\zeta_1+\beta^5\zeta_2+\beta^4\zeta_3+\beta^3\zeta_4+\beta^2\zeta_5+\beta\zeta_6+\zeta_7)\\
\qquad (\beta^6\zeta_8+\beta^5\zeta_9+\beta^4\zeta_{10}+\beta^3\zeta_{11}+\beta^2\zeta_{12}+\beta\zeta_{13}+\zeta_{14})/(2\Delta_1^2\Delta_3^2)\\
\pi_r^{cc}-\pi_r^{sc}=-\alpha_1^2\theta(\delta_1+1)(\beta^4\sigma_1+\beta^3\sigma_2+\beta^2\sigma_3+\beta\sigma_4+\sigma_5)(\beta^6\sigma_6+\\
\qquad \beta^5\sigma_7+\beta^4\sigma_8+\beta^3\sigma_9+\beta^2\sigma_{10}+\beta\sigma_{11}+\sigma_{12})/(2\Delta_2^2\Delta_3^2)
\end{cases}
$$

$$(5-45)$$

其中，$v_1,v_2,\cdots,v_{13},\zeta_1,\zeta_2,\cdots,\zeta_{14},\sigma_1,\sigma_2,\cdots,\sigma_{12}$ 的表达式较为复杂，有兴趣的读者可向作者索取。根据(5-45)式，容易证明：对于 $\max(f_2(\beta),f_4(\beta))<\theta<1$，有 $\mathrm{sign}(\pi_r^{sc}-\pi_r^{nc})=\mathrm{sign}(-(\beta^5 v_1+\beta^4 v_2+\beta^3 v_3+\beta^2 v_4+\beta v_5+v_6)(\beta^6 v_7+\beta^5 v_8+\beta^4 v_9+\beta^3 v_{10}+\beta^2 v_{11}+\beta v_{12}+v_{13}))$，$\mathrm{sign}(\pi_r^{cc}-\pi_r^{nc})=\mathrm{sign}(-(\beta^6\zeta_1+\beta^5\zeta_2+\beta^4\zeta_3+$

$\beta^3\zeta_4+\beta^2\zeta_5+\beta\zeta_6+\zeta_7)(\beta^6\zeta_8+\beta^5\zeta_9+\beta^4\zeta_{10}+\beta^3\zeta_{11}+\beta^2\zeta_{12}+\beta\zeta_{13}+\zeta_{14}))$, $\operatorname{sign}(\pi_r^{cc}-\pi_r^{sc})=$
$\operatorname{sign}(-(\beta^4\sigma_1+\beta^3\sigma_2+\beta^2\sigma_3+\beta\sigma_4+\sigma_5)(\beta^6\sigma_6+\beta^5\sigma_7+\beta^4\sigma_8+\beta^3\sigma_9+\beta^2\sigma_{10}+\beta\sigma_{11}+\sigma_{12}))$。而且，$(\beta^6\zeta_1+\beta^5\zeta_2+\beta^4\zeta_3+\beta^3\zeta_4+\beta^2\zeta_5+\beta\zeta_6+\zeta_7)(\beta^6\zeta_8+\beta^5\zeta_9+\beta^4\zeta_{10}+\beta^3\zeta_{11}+\beta^2\zeta_{12}+\beta\zeta_{13}+\zeta_{14})<0$，$(\beta^4\sigma_1+\beta^3\sigma_2+\beta^2\sigma_3+\beta\sigma_4+\sigma_5)(\beta^6\sigma_6+\beta^5\sigma_7+\beta^4\sigma_8+\beta^3\sigma_9+\beta^2\sigma_{10}+\beta\sigma_{11}+\sigma_{12})<0$ 恒成立，即有 $\pi_r^{cc}>\pi_r^{nc}$ 和 $\pi_r^{cc}>\pi_r^{sc}$。这就是说，与不合作策略和半合作策略相比，制造商选择完全合作策略会增加零售商的利润。令 $\pi_r^{sc}=\pi_r^{nc}$，如图5-8所示，即可求得 $\theta=h_4(\beta)$（舍去）和 $\theta=h_2(\beta)$。当 $\max(h_2(\beta),f_4(\beta))<\theta<1$ 时，有 $\pi_m^{sc}<\pi_m^{nc}$。即与不合作策略相比，制造商选择半合作策略会降低零售商的利润。当 $\max(f_2(\beta),f_4(\beta))<\theta<\min(h_2(\beta),1)$ 时，有 $\pi_m^{sc}>\pi_m^{nc}$。即与不合作策略相比，制造商选择半合作策略会增加零售商的利润。因此，根据制造商选择不合作策略、半合作策略与完全合作策略时零售商的利润比较，可以有如下命题：

命题4 当 $\max(f_2(\beta),f_4(\beta))<\theta<1$ 时，若 $\max(h_2(\beta),f_4(\beta))<\theta<1$，有 $\pi_r^{sc}<\pi_r^{nc}<\pi_r^{cc}$；若 $\max(f_2(\beta),f_4(\beta))<\theta<\min(h_2(\beta),1)$，有 $\pi_r^{nc}<\pi_r^{sc}<\pi_r^{cc}$。

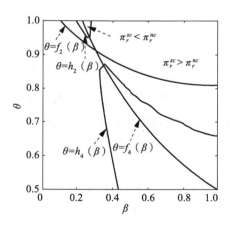

图5-8　不合作与半合作下零售商的利润比较

命题4意味着，如果政府实施消费型碳税政策，完全合作策略下零售商的利润是最高的，不合作策略与半合作策略下零售商的利润不相上下。具体而言，若消费者对低碳产品的偏好程度和减排研发成果的溢出

率之间能满足 $\max(h_2(\beta),f_4(\beta))<\theta<1$，与不合作策略相比，制造商选择半合作策略会降低零售商的利润，制造商选择完全合作策略会增加零售商的利润。若消费者对低碳产品的偏好程度和减排研发成果的溢出率之间能满足 $\max(f_2(\beta),f_4(\beta))<\theta<\min(h_2(\beta),1)$，与不合作策略相比，制造商选择半合作策略和完全合作策略均会增加零售商的利润，且制造商选择完全合作策略下零售商的利润较高。相对而言，$\max(f_2(\beta),f_4(\beta))<\theta<\min(h_2(\beta),1)$ 所占的面积大于 $\max(h_2(\beta),f_4(\beta))<\theta<1$ 所占的面积，即制造商选择半合作策略下零售商的利润有较大可能性高于不合作策略下的零售商的利润。

（三）供应链的利润比较

记制造商选择不合作策略下供应链的利润为 $\pi^{nc}=\pi_1^{nc}+\pi_2^{nc}+\pi_r^{nc}$，选择半合作策略下供应链的利润为 $\pi^{sc}=\pi_1^{sc}+\pi_2^{sc}+\pi_r^{sc}$，选择完全合作策略下供应链的利润为 $\pi^{cc}=\pi_1^{cc}+\pi_2^{cc}+\pi_r^{cc}$。根据（5-18）式、（5-19）式、（5-28）式、（5-29）式、（5-40）式和（5-41）式，可以比较政府实施消费型碳税政策下制造商选择不合作策略、半合作策略与完全合作策略时供应链的利润，结果如下：

$$
\begin{cases}
\pi^{sc}-\pi^{nc}=-\theta\delta_1(2\delta_1-1)(\beta\varphi_1-\delta_1)(\beta^{11}\mu_1+\beta^{10}\mu_2+\beta^9\mu_3+\beta^8\mu_4+\beta^7\mu_5+ \\
\qquad \beta^6\mu_6+\beta^5\mu_7+\beta^4\mu_8+\beta^3\mu_9+\beta^2\mu_{10}+\beta\mu_{11}+\mu_{12})/(\Delta_1^2\Delta_2^2) \\
\pi^{cc}-\pi^{nc}=-(\beta^{12}\xi_1+\beta^{11}\xi_2+\beta^{10}\xi_3+\beta^9\xi_4+\beta^8\xi_5+\beta^7\xi_6+\beta^6\xi_7+ \\
\qquad \beta^5\xi_8+\beta^4\xi_9+\beta^3\xi_{10}+\beta^2\xi_{11}+\beta\xi_{12}+\xi_{13})/(2\Delta_1^2\Delta_3^2) \\
\pi^{cc}-\pi^{sc}=-(\beta^{12}\zeta_1+\beta^{11}\zeta_2+\beta^{10}\zeta_3+\beta^9\zeta_4+\beta^8\zeta_5+\beta^7\zeta_6+\beta^6\zeta_7+ \\
\qquad \beta^5\zeta_8+\beta^4\zeta_{11}+\beta^3\zeta_{10}+\beta^2\zeta_{11}+\beta\zeta_{12}+\zeta_{13})/(2\Delta_2^2\Delta_3^2)
\end{cases}
$$

$$(5-46)$$

其中，$\mu_1,\mu_2,\cdots,\mu_{12},\xi_1,\xi_2,\cdots,\xi_{13},\zeta_1,\zeta_2,\cdots,\zeta_{13}$ 的表达式较为复杂，有兴趣的读者可向作者索取。根据（5-46）式，易证：对于 $\max(f_2(\beta),f_4(\beta))<\theta<1$，有 $\mathrm{sign}(\pi^{sc}-\pi^{nc})=\mathrm{sign}(-(\beta\varphi_1-\delta_1)(\beta^{11}\mu_1+\beta^{10}\mu_2+\beta^9\mu_3+\beta^8\mu_4+\beta^7\mu_5+\beta^6\mu_6+$

$\beta^5\mu_7+\beta^4\mu_8+\beta^3\mu_9+\beta^2\mu_{10}+\beta\mu_{11}+\mu_{12}$)), $\text{sign}(\pi^{cc}-\pi^{nc})=\text{sign}(-(\beta^{12}\xi_1+\beta^{11}\xi_2+$
$\beta^{10}\xi_3+\beta^9\xi_4+\beta^8\xi_5+\beta^7\xi_6+\beta^6\xi_7+\beta^5\xi_8+\beta^4\xi_9+\beta^3\xi_{10}+\beta^2\xi_{11}+\beta\xi_{12}+\xi_{13}))$, $\text{sign}(\pi^{cc}-\pi^{sc})=$
$\text{sign}(-(\beta^{12}\zeta_1+\beta^{11}\zeta_2+\beta^{10}\zeta_3+\beta^9\zeta_4+\beta^8\zeta_5+\beta^7\zeta_6+\beta^6\zeta_7+\beta^5\zeta_8+\beta^4\zeta_{11}+\beta^3\zeta_{10}+\beta^2\zeta_{11}+\beta\zeta_{12}+$
$\zeta_{13}))$。而且，$\beta^{12}\xi_1+\beta^{11}\xi_2+\beta^{10}\xi_3+\beta^9\xi_4+\beta^8\xi_5+\beta^7\xi_6+\beta^6\xi_7+\beta^5\xi_8+\beta^4\xi_9+\beta^3\xi_{10}+$
$\beta^2\xi_{11}+\beta\xi_{12}+\xi_{13}<0$，$\beta^{12}\zeta_1+\beta^{11}\zeta_2+\beta^{10}\zeta_3+\beta^9\zeta_4+\beta^8\zeta_5+\beta^7\zeta_6+\beta^6\zeta_7+\beta^5\zeta_8+\beta^4\zeta_{11}+\beta^3\zeta_{10}+$
$\beta^2\zeta_{11}+\beta\zeta_{12}+\zeta_{13}<0$。因此，恒有 $\pi^{cc}>\pi^{nc}$ 和 $\pi^{cc}>\pi^{sc}$。这就是说，与不合作策
略和半合作策略相比，制造商选择完全合作策略会增加供应链的利润。令
$\pi^{sc}=\pi^{nc}$，如图 5-9 所示，即可求得 $\theta=h_5(\beta)$（舍去）和 $\theta=h_2(\beta)$。当
$\max(h_2(\beta),f_4(\beta))<\theta<1$ 时，有 $\pi^{sc}<\pi^{nc}$，即与不合作策略相比，制造商选
择半合作策略会降低供应链的利润。当 $\max(f_2(\beta),f_4(\beta))<\theta<\min(h_2(\beta),1)$
时，有 $\pi^{sc}>\pi^{nc}$，即与不合作策略相比，制造商选择半合作策略会增加供应
链的利润。因此，根据制造商选择不合作策略、半合作策略与完全合作策
略时供应链的利润比较，可以有如下命题：

命题 5　当 $\max(f_2(\beta),f_4(\beta))<\theta<1$ 时，若 $\max(h_2(\beta),f_4(\beta))<\theta<1$，有
$\pi^{sc}<\pi^{nc}<\pi^{cc}$；若 $\max(f_2(\beta),f_4(\beta))<\theta<\min(h_2(\beta),1)$，有 $\pi^{nc}<\pi^{sc}<\pi^{cc}$。

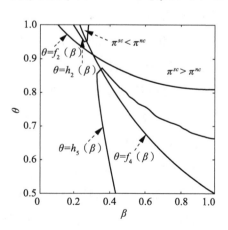

图 5-9　不合作与半合作下供应链的利润比较

命题 5 意味着，如果政府实施消费型碳税政策，完全合作策略下供应
链的利润是最高的，不合作策略与半合作策略下供应链的利润不相上下。

具体而言，若消费者对低碳产品的偏好程度和减排研发成果的溢出率之间能满足 $\max(h_2(\beta), f_4(\beta)) < \theta < 1$，与不合作策略相比，制造商选择半合作策略会降低供应链的利润，制造商选择完全合作策略会增加供应链的利润。若消费者对低碳产品的偏好程度和减排研发成果的溢出率之间能满足 $\max(f_2(\beta), f_4(\beta)) < \theta < \min(h_2(\beta), 1)$，与不合作策略相比，制造商选择半合作策略和完全合作策略均会增加供应链的利润，且制造商选择完全合作策略下供应链的利润较高。相对而言，$\max(f_2(\beta), f_4(\beta)) < \theta < \min(h_2(\beta), 1)$ 所占的面积大于 $\max(h_2(\beta), f_4(\beta)) < \theta < 1$ 所占的面积，即制造商选择半合作策略下供应链的利润有较大可能性高于不合作策略下的供应链利润。

四、综合比较

综合制造商的减排研发水平、净碳排放量和利润、零售商的利润以及供应链的利润的比较，可以发现，当 $\max(f_2(\beta), f_4(\beta)) < \theta < 1$ 时，恒有 $x_m^{nc} < x_m^{cc}$，$x_m^{sc} < x_m^{cc}$，$e_m^{cc} < e_m^{nc}$，$e_m^{cc} < e_m^{sc}$，$\pi_m^{sc} < \pi_m^{cc}$ 和 $\pi_m^{nc} < \pi_m^{cc}$，$\pi_r^{sc} < \pi_r^{cc}$，$\pi_r^{nc} < \pi_r^{cc}$，$\pi^{nc} < \pi^{cc}$，$\pi^{sc} < \pi^{cc}$，即与不合作策略和半合作策略相比，完全合作策略下制造商的减排研发水平和利润、零售商的利润以及供应链的利润均是最高的，制造商的净碳排放量均是最低的。当 $\max(h_2(\beta), f_4(\beta)) < \theta < 1$ 时（图 5-10 Ⅰ区），有 $x_m^{sc} < x_m^{nc}$，$e_m^{nc} < e_m^{sc}$，$\pi_m^{sc} < \pi_m^{nc}$，$\pi_r^{sc} < \pi_r^{nc}$，$\pi^{sc} < \pi^{nc}$，即较之于不合作策略，制造商选择半合作策略会降低制造商的减排研发水平和利润、零售商的利润以及供应链的利润，但会增加制造商的净碳排放量。当 $f_4(\beta) < \theta < \min(h_2(\beta), g(\beta))$ 时（图 5-10 Ⅱ区），有 $x_m^{sc} < x_m^{nc}$，$e_m^{sc} < e_m^{nc}$，$\pi_m^{sc} > \pi_m^{nc}$，$\pi_r^{sc} > \pi_r^{nc}$ 和 $\pi^{sc} > \pi^{nc}$，即较之于不合作策略，制造商选择半合作策略会降低制造商的减排研发水平和净碳排放量，但会增加制造商的利润、零售商的利润和供应链的利润。当 $\max(f_2(\beta), g(\beta)) < \theta < 1$ 时（图 5-10 Ⅲ区），有 $x_m^{sc} > x_m^{nc}$，$e_m^{nc} > e_m^{sc}$，$\pi_m^{sc} > \pi_m^{nc}$，$\pi_r^{sc} > \pi_r^{nc}$，$\pi^{sc} > \pi^{nc}$，即较之于不合作策略，制造商选择半合作策略会提高制造商的减排研发水平和利润、零售商的利润以及供应链的利润，并会降低制造商的净碳排放量。因此，根据制造商选择不合作策略、

半合作策略与完全合作策略时制造商的减排研发水平、制造商的净碳排放量、制造商的利润、零售商的利润以及供应链的利润比较，可以有如下命题：

命题 6　当 $\max(f_2(\beta),f_4(\beta))<\theta<1$ 时，若 $\max(h_2(\beta),f_4(\beta))<\theta<1$，有 $x_m^{sc}<x_m^{nc}<x_m^{cc}$ 和 $e_m^{cc}<e_m^{nc}<e_m^{sc}$，$\pi_m^{sc}<\pi_m^{nc}<\pi_m^{cc}$，$\pi_r^{sc}<\pi_r^{nc}<\pi_r^{cc}$，$\pi^{sc}<\pi^{nc}<\pi^{cc}$；若 $f_4(\beta)<\theta<\min(h_2(\beta),g(\beta))$，有 $x_m^{sc}<x_m^{nc}<x_m^{cc}$，$e_m^{cc}<e_m^{sc}<e_m^{nc}$，$\pi_m^{nc}<\pi_m^{sc}<\pi_m^{cc}$，$\pi_r^{nc}<\pi_r^{sc}<\pi_r^{cc}$，$\pi^{nc}<\pi^{sc}<\pi^{cc}$；若 $\max(f_2(\beta),g(\beta))<\theta<1$，有 $x_m^{nc}<x_m^{sc}<x_m^{cc}$，$e_m^{cc}<e_m^{sc}<e_m^{nc}$，$\pi_m^{nc}<\pi_m^{sc}<\pi_m^{cc}$，$\pi_r^{nc}<\pi_r^{sc}<\pi_r^{cc}$ 和 $\pi^{nc}<\pi^{sc}<\pi^{cc}$。

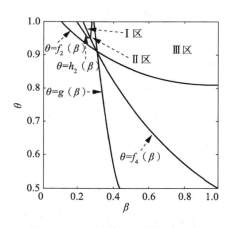

图 5-10　不同策略下的综合比较

命题 6 意味着，如果政府实施消费型碳税政策，与不合作策略和半合作策略相比，制造商选择完全合作策略可以同时提高制造商的减排研发水平、制造商的利润、零售商的利润和供应链的利润以及降低制造商的净碳排放量。当 $\max(h_2(\beta),f_4(\beta))<\theta<1$ 时，半合作策略下制造商的减排研发水平、制造商的利润、零售商的利润和供应链的利润均低于不合作策略下的，制造商的净碳排放量高于不合作策略下的。当 $f_4(\beta)<\theta<\min(h_2(\beta),g(\beta))$ 时，半合作策略下制造商的减排研发水平和净碳排放量均低于不合作策略下的，制造商的利润、零售商的利润和供应链的利润均高于不合作策略下的。当 $\max(f_2(\beta),g(\beta))<\theta<1$ 时，半合作策略下制造商的减

排研发水平、制造商的利润、零售商的利润和供应链的利润均高于不合作策略下的，制造商的净碳排放量低于不合作策略下的。相对而言，由于 $\max(f_2(\beta), g(\beta)) < \theta < 1$ 所占的面积最大，即半合作策略下制造商的减排研发水平、制造商的利润、零售商的利润和供应链的利润有较大可能性高于不合作策略下的，制造商的净碳排放量有较大可能性低于不合作策略下的。

第四节　结　论

本章以两个制造商和单个零售商组成的两级供应链为研究对象，并考虑到消费者低碳产品的偏好，政府征收消费型碳税，制造商之间可以选择不合作（不进行减排研发合作）、半合作（仅进行减排研发合作）和完全合作（同时进行减排研发合作和定价合作），构建了政府确定消费型碳税税率，制造商确定减排研发水平，制造商确定产品的批发价格以及零售商确定产品的零售价格的四阶段动态博弈模型。运用逆向归纳法求得各博弈模型的均衡解，并比较了制造商选择不同策略下减排研发水平、净碳排放量和企业利润。研究结果表明：制造商选择完全合作策略下制造商的减排研发水平和利润、零售商的利润以及供应链的利润均是最高的，制造商的净碳排放量是最低的；制造商选择半合作策略下制造商的减排研发水平、净碳排放量和利润、零售商的利润以及供应链的利润不相上下。综合来看，制造商选择半合作策略有较大可能使制造商的减排研发水平和利润、零售商的利润以及供应链的利润高于不合作策略下制造商的减排研发水平和利润、零售商的利润以及供应链的利润，使制造商的净碳排放量有较大可能性低于不合作策略下的净碳排放量。

第六章　消费者补贴政策与两级供应链减排研发策略选择

由于低碳产品的高技术含量、高附加值，销售产品的价格也往往比较高。如冰箱、电视、空调等家电，低碳环保产品的价格要比普通产品的价格高出几百元甚至上千元。目前，对符合低碳要求的消费行为进行补贴是普遍采用的经济手段。加拿大自 2007 年起对新能源汽车消费者提供每台 1 000~2 000 加元的补贴费用；美国 2008 年对消费者购买减排的白色家电产品每台提供 50~200 美元的购买补贴；中国国家发展改革委、财政部于 2009 年启动节能产品惠民工程，对能效等级 1 级或 2 级以上的空调、冰箱、平板电视、洗衣机等十大类产品提供财政补贴，此后又继续扩大节能产品的补贴范围，将高效节能台式计算机、单元式空调等产品纳入进来。2019 年国家发展改革委、工信部等部门共同印发了《进一步优化供给推动消费平稳增长 促进形成强大国内市场的实施方案（2019）》中，披露了国家对于刺激家电消费将采取的措施和手段。按照国家发展改革委的测算，采用财政补贴等方式推广高效节能智能产品，若能在全国推广，2019—2021 年预计可以增加 1.5 亿台高效节能智能家电的销售，拉动消费约 7 000 亿元，全生命周期节电 800 亿千瓦时左右。

第一节　文献综述

一、消费者补贴的效果研究

一些学者研究了政府对消费者提供补贴的效果。黄振华(2010)根据对全国 205 个村庄的问卷调查,分析了家电下乡政策的实施效果,发现农民对家电下乡政策的总体评价较高,但对拉动农民家电消费的效果并不理想。

田洪刚(2011)以中国 31 个省(自治区、直辖市)为研究对象,分析家电下乡产品销售额的影响因素,并建立了相关的计量经济模型,发现家电下乡政策后农民的生活消费同比增加了 11.69%。

王文娟(2011)运用比较研究和分类研究的方法,分析家电下乡政策实施的效率和公平性,发现家电下乡有效提升了农村家电消费的整体水平,调动了中低收入农民的消费积极性,缩小了其与高收入群体的差距。

田珍(2012)利用 2011 年江苏省农户的实地调查,构建出消费补贴受益归属曲线,计算人均收入基尼系数在消费补贴前后的变化,发现消费补贴受益归属存在着不均衡现象,主要补贴了农村既有消费意愿又具有一定购买能力的中等收入群体,可以缩小贫富间的相对福利差距。

郑筱婷等(2012)将家电下乡试点视为准实验组,用匹配的倍差法和 2002—2008 年的县级数据评估家电下乡对户均消费的影响。结果表明:2008 年的家电下乡并未使试点县户均消费增长高于非试点县,而且,对家电的补贴也提高了非补贴产品的相对价格,降低了非补贴产品的当期消费。

李庆(2012)分析了三种能源消费补贴方式,发现现金补贴会增加新能源消费和传统能源消费,在用能总量不饱和市场实施价格补贴可以增加新能源消费,但不改变传统能源消费,在用能总量饱和市场实施价格补贴可以增加新能源消费和降低传统能源消费。

于文超和殷华(2015)以山东和河南两个省份为样本,运用反事实分析法,研究了家电下乡政策对农村居民消费的影响。结果表明:家电下乡政策使山东和河南的农村居民人均消费支出增长率分别提高了 2.21% 和 3.41%。

熊勇清等(2018)以 72 家新能源汽车制造商为研究样本。运用倾向得分匹配分析发现:消费补贴可以促进新能源汽车制造商的生产。

赵立祥和王丽丽(2018)回顾了消费侧的补贴政策等消费领域主要的碳减排政策,并从效率、效果和公平三个方面进行了比较。比较后发现:消费侧的补贴政策有助于消费者选择低碳产品甚至是零碳排放的产品,进而引导节能生产。

高新伟和闫昊本(2018)在 Acemoglu 的偏向性技术进步框架下修正模型设定,引入碳减排目标约束。研究发现:政府对消费者补贴可以增加清洁技术生产部门的相对预期利润,促进新能源产业发展。

宋妍等(2019)建立了政府向使用绿色产品的消费者提供补贴的博弈模型。研究发现:该政策可以推动绿色产品的消费达到最优水平,高收入群体倾向于政府对绿色产品提供补贴。

二、消费者补贴与研发的研究

部分学者研究了消费者补贴与产业研发。程发新等(2015)构建了政府补贴下多个企业主动碳减排阶段成本收益模型和行业成本收益模型,并求得了企业最优策略和帕累托最优策略。结果表明:企业主动碳减排存在最优策略,企业对碳减排策略的投入随其相应减排效果系数、减排收益系数与政府超额补贴系数的增加而加大,行业实现帕累托最优需要政府补贴机制引导。

占华(2016)还研究了政府对购买生产设备的价格的补贴效果。结果表明:本国政府提高价格补贴会降低最终产品的价格;本国政府提高价格补贴会降低本国产品生产企业的产量，外国政府提高价格补贴会增加本国最终产品的产量；本国政府提高价格补贴会降低本国污染排放量，但会增加外国污染排放量。

也有部分学者研究了消费者补贴与供应链研发，主要以单个制造商和单个零售商组成的两级供应链为研究对象。柳键和邱国斌（2011）构建了制造商和零售商合作决策和不合作决策的博弈模型。研究发现：合作决策下企业利润高于非合作决策下的企业利润；随着政府提高补贴，两种决策下企业的利润都会增加，而且合作决策下企业的利润增长更快。

Huang 等（2013）研究了政府对购买电动汽车的消费提供补贴。研究发现：当消费者的讨价还价能力越强时，补贴政策越能显著地提高电动汽车的销售量，可以有效地降低环境污染。

杨仕辉和付菊（2015）构建无政府补贴、政府补贴消费者的分散决策和集中决策的博弈模型。研究发现：政府设定合理的补贴率会提高制造商的减排率和产量，并且集中决策下制造商的减排率和产量均是最高的。

俞超等（2018）考虑制造商生产普通产品和低碳产品，政府对购买低碳产品的消费者进行补贴，但是不补贴普通产品，并分别构建了无政府补贴和有政府补贴时制造商和零售商分散决策的博弈模型。结果表明：与无政府补贴相比，当政府补贴因子满足一定条件时，制造商的碳减排率和供应链的利润均较高。而且，随着政府补贴因子的增加和减排难度的降低，制造商的碳减排率和供应链的利润也会增加。

综上，学者们研究了消费者补贴的效果以及消费者补贴与研发，但是还存在一些不足之处。第一，在消费者补贴的效果的研究中，学者们主要通过收集相关的数据进行实证研究，在消费者补贴与研发的研究中，学者们研究了消费者补贴与产业内研发，消费者补贴与单个制造商和单个零售商组成的供应链研发，缺少对多个供应链成员的研究。第二，有关消费者补贴与单个制造商和单个零售商组成的供应链研发的研究，集中于不同补贴政策下制造商的决策以及制造商与零售商之间的合作，鲜有学者研究制造商之间在减排研发或（和）价格方面的合作。

本章以两个制造商和单个零售商组成的供应链为研究对象，考虑消费者具有低碳产品偏好以及政府对消费者提供补贴，制造商之间可以选择不合作（制造商单独确定批发价格水平和减排研发水平）、半合作（制造商之间仅进行减排研发合作）和完全合作（制造商合作确定批发价格水平和减排研发水平），研究供应链策略选择的效果。

第二节 模型构建与求解

一、基本假设

本章考虑由两个制造商和一个零售商组成的两级供应链。其中，制造商 $m(m=1,2)$ 生产同质产品，产量为 q_m，以批发价格 ω_m 销售给零售商 R，零售商 R 最后以零售价格 p_m 销售给具有低碳产品偏好的消费者。为简化计算，不考虑制造商的生产成本，并设生产单位最终产品排放单位碳排放量。为减少碳排放量，制造商 m 可实施减排研发。在产品定价和减排研发形式方面，制造商之间可以选择不合作（制造商单独确定批发价格水平和减排研发水平）、半合作（制造商之间仅进行减排研发合作）和完全合作（制造商合作确定批发价格水平和减排研发水平）。

借鉴 Poyago-Theotoky（2007）的研究，设制造商 m 的减排研发水平为 x_m 时，研发成本为 $C_m = x_m^2/2$，研发成果可在制造商之间免费溢出，设研发溢出率为 $\beta(0<\beta<1)$。从而，制造商 m 的净碳排放量为 $e_m = q_m - x_m - \beta x_n (m, n = 1, 2, m \neq n)$。借鉴 Poyago-Theotoky（2007），设碳排放造成的环境损害函数为 $D = (e_1 + e_2)^2/2$。设消费者从最终产品的消费中获得的效用为 $U = q_1 + q_2 - (q_1 + q_2)^2/2$，从而可求得消费者剩余函数为 $CS = (q_1 + q_2)^2/2$。考虑政府对消费者提供货币补贴，补贴率为 $s(0<s<1)$，则政府的补贴支出为 $SC =$

$s(p_1q_1+p_2q_2)$。借鉴 Singh 和 Vives(1984)的研究，引入消费者对低碳产品的偏好程度为 $\theta(0<\theta<1)$，设消费者对制造商 m 的产品的逆需求函数为 $p_m=(1-q_m-q_n-\theta e_m)/(1-s)$，从而可求得消费者对制造商 m 的产品的需求函数为：

$$q_m=\frac{\theta-(1+\theta)p_m+p_n+\theta(1+\theta)(x_m+\beta x_n)-\theta(\beta x_m+x_n)+s(p_m+\theta p_m-p_n)}{\theta(2+\theta)}$$

(6-1)

零售商 R 的利润函数为：

$$\pi_r=(p_1-\omega_1)q_1+(p_2-\omega_2)q_2 \tag{6-2}$$

制造商 k 的利润函数为：

$$\pi_m=\omega_m q_m-x_m^2/2 \tag{6-3}$$

国家福利函数为 $W=\pi_1+\pi_2+\pi_r+CS-SC-D$，整理后有：

$$W=(1-s)(p_1q_1+p_2q_2)+(q_1+q_2)^2/2-(x_1^2+x_2^2)/2-(e_1+e_2)^2/2 \tag{6-4}$$

二、博弈规则

政府与供应链成员之间的博弈顺序如下：第一阶段，政府确定对消费者的补贴率；第二阶段，制造商确定减排研发水平；第三阶段，制造商确定产品的批发价格；第四阶段，零售商确定产品的零售价格。

三、模型求解

下面运用逆向归纳法求解各博弈模型。

（一）不合作模型的求解

1. 第四阶段：最终零售价格

给定政府的补贴率、制造商的研发水平和批发价格，零售商以自身利润最大化为目的确定最优零售价格。将(6-1)式代入(6-2)式，零售商确定最优零售价格的问题为：

$$\max_{p_1,p_2}\pi_r = \{(p_1-\omega_1)[\theta-(1+\theta)p_1+p_2+\theta(1+\theta)(x_1+\beta x_2)-\theta(\beta x_1+x_2)+$$
$$s(p_1+\theta p_1-p_2)]+(p_2-\omega_2)[\theta+p_1-(1+\theta)p_2+\theta(1+\theta)(\beta x_1+x_2)-$$
$$\theta(x_1+\beta x_2)+s(p_2+\theta p_2-p_1)]\}/[\theta(2+\theta)] \tag{6-5}$$

联立 $\partial \pi_r/\partial p_1=0$ 和 $\partial \pi_r/\partial p_2=0$，可求得零售商确定的产品零售价格为：

$$p_m^* = [1+\omega_m-s\omega_m+\theta(x_m+\beta x_n)]/[2(1-s)] \tag{6-6}$$

由 (6-6) 式易知 $\partial p_m^*/\partial s=(1+\theta x_m+\beta\theta x_n)/[2(1-s)^2]>0$，即政府对消费者的补贴率越高，则零售商会提高该最终产品的零售价格；$\partial p_m^*/\partial \omega_m=1/2>0$，即制造商 m 对产品制定的批发价格越高，零售商的进货成本越大，则零售商会提高其最终产品的零售价格；$\partial p_m^*/\partial x_m=\theta/[2(1-s)]$ 和 $\partial p_m^*/\partial x_n=\beta\theta/[2(1-s)]$，即无论是制造商自己提高自主研发水平还是竞争对手提高自主研发，都有助于降低制造商生产的产品的净碳排放量，具有低碳偏好的消费者愿意承担更高的购买价格，因此，零售商会提高产品的零售价格。但与竞争对手提高自主研发相比，制造商自己提高自主研发水平下，零售商可以将其产品的价格定得更高。

2. 第三阶段：最优批发价格

将 (6-6) 式代入 (6-1) 式，可求得消费者对制造商 m 产品的需求函数为：

$$q_m^* = \frac{\theta-(1+\theta)\omega_m+\omega_n+\theta[(1+\theta)(x_m+\beta x_n)-(\beta x_m+x_n)]+s(\omega_m+\theta\omega_m-\omega_n)}{2\theta(2+\theta)}$$
$$\tag{6-7}$$

给定政府的补贴率和制造商的研发水平，制造商 m 确定最优批发价格的问题为：

$$\max_{\omega_m}\pi_m = \omega_m q_m^*-x_m^2/2 \tag{6-8}$$

联立 $\partial \pi_1/\partial \omega_1=0$ 和 $\partial \pi_2/\partial \omega_2=0$，可求得制造商 m 确定的批发价格为：

$$\omega_m^* = \theta[(3+2\theta)+(2\theta^2+4\theta+1)(x_m+\beta x_n)$$
$$-(1+\theta)(\beta x_m+x_n)]/[(1+2\theta)(3+2\theta)(1-s)] \tag{6-9}$$

由 (6-9) 式可求得：$\text{sign}(\partial \omega_m^*/\partial x_m)=\text{sign}((2\theta^2+4\theta+1)-\beta(1+\theta))$，$\text{sign}(\partial \omega_m^*/\partial x_n)=\text{sign}(\beta(2\theta^2+4\theta+1)-(1+\theta))$。对任意 $0\leqslant\beta\leqslant1$，$\theta>0$，

$2\theta^2+4\theta+1>\beta(1+\theta)$ 恒成立，即 $\partial\omega_m^*/\partial x_m>0$ 恒成立。这就意味着，随着制造商提高自己的自主研发水平，制造商可以制定更高的批发价格。当 $\beta>(1+\theta)/(2\theta^2+4\theta+1)$ 时，有 $\partial\omega_m^*/\partial x_n>0$ 成立，反之则有 $\partial\omega_m^*/\partial x_n<0$ 成立。这就意味着，只有当研发溢出率较高时，随着竞争对手提高自主研发水平，本企业也可以提高其产品的批发价格，否则本企业会降低其产品的批发价格。

3. 第二阶段：最优研发水平

在制造商选择不合作策略下，各制造商以其利润最大化为目的确定最优研发水平。制造商 m 确定最优研发水平的问题为：

$$\max_{x_m}\pi_m=\omega_m^* q_m^*-x_m^2/2 \tag{6-10}$$

联立 $\partial\pi_1/\partial x_1=0$ 和 $\partial\pi_2/\partial x_2=0$，可求得制造商 m 的研发水平为：

$$x_m^*=-\theta\alpha_1(\alpha_2-\beta\alpha_1)/\Delta_1 \tag{6-11}$$

其中，$\alpha_1=1+\theta$，$\alpha_2=2\theta^2+4\theta+1$，$\alpha_3=2\theta^5-2\theta^4-31\theta^3-53\theta^2-31\theta-6$，$\Delta_1=\alpha_3+\beta\cdot\theta^2\alpha_1[\theta(2\alpha_1+1)-\alpha_1\beta\theta]+s(\alpha_1+1)(2\alpha_1+1)(2\alpha_1-1)^2$。

4. 第一阶段：最优补贴率

政府以国家福利最大化为目的确定最优补贴率，政府确定最优补贴率的问题可表示为：

$$\max_{s}W=(1-s)\sum_{m=1}^{2}p_m^* q_m^*+\left(\sum_{m=1}^{2}q_m^*\right)^2/2-\sum_{m=1}^{2}(x_m^*)^2/2-\left(\sum_{m=1}^{2}e_m^*\right)^2/2 \tag{6-12}$$

根据 $\partial W/\partial s=0$，可求得制造商之间不合作下最优的减排研发补贴率为：

$$s^{nc}=\frac{2\theta\alpha_1\alpha_4\beta^3-2\theta\alpha_4\alpha_5\beta^2-\alpha_6\beta-\alpha_7}{\delta_1\alpha_8} \tag{6-13}$$

其中，$\alpha_4=3\theta^2+9\theta+4$，$\alpha_5=2\theta^2+2\theta-1$，$\alpha_6=12\theta^5+42\theta^4+5\theta^3-85\theta^2-64\theta-12$，$\alpha_7=8\theta^5+28\theta^4+\theta^3-69\theta^2-56\theta-12$，$\delta_1=\beta+1$，$\alpha_8=12\theta^5+68\theta^4+145\theta^3+145\theta^2+68\theta+12$。进而可求得制造商选择不合作策略下的均衡结果为：

$$x_m^{nc}=-\delta_1(3\alpha_1-1)\alpha_1^2/\Gamma_1 \tag{6-14}$$

$$\omega_m^{nc}=\theta[1+\theta(1+\beta)x_m^{nc}]/[(2\alpha_1-1)(1-s^{nc})] \tag{6-15}$$

$$q_m^{nc} = \left[1 + \omega_m^{nc}(s^{nc}-1) + \theta\delta_1 x_m^{nc} \right] / \left[2(\alpha_1+1) \right] \tag{6-16}$$

$$p_m^{nc} = \left[1 + (1-s^{nc})\omega_m^{nc} + \theta\delta_1 x_m^{nc} \right] / \left[2(1-s^{nc}) \right] \tag{6-17}$$

$$\pi_m^{nc} = \omega_m^{nc} q_m^{nc} - (x_m^{nc})^2/2 \tag{6-18}$$

$$\pi_r^{nc} = 2(p_m^{nc} - \omega_m^{nc}) q_m^{nc} \tag{6-19}$$

其中，$\Gamma_1 = \alpha_9\beta^2 + 2\alpha_9\beta + \alpha_{10}$，$\alpha_9 = 3\theta^4 - 4\theta^3 - 35\theta^2 - 32\theta - 8$，$\alpha_{10} = 3\theta^4 - 12\theta^3 - 59\theta^2 - 50\theta - 12$。经比较可知：当 $\beta, \theta \in (0,1)$ 时，制造商选择不合作策略下的补贴率、研发水平、产量、批发价格及零售价格均为正。

（二）半合作模型的求解

制造商选择半合作模型的第三阶段和第四阶段的求解同制造商选择不合作模型，即零售商对制造商 m 生产的最终产品确定的零售价格见（6-6）式，制造商 m 确定的批发价格见（6-9）式，下面依次求解制造商选择半合作模型的第二阶段和第一阶段。

1. 第二阶段：最优研发水平

记制造商的利润之和为 $\pi_{mn} = \pi_m + \pi_n$。与制造商选择不合作策略不同的是，在制造商选择半合作策略下，每个制造商确定最优研发水平以最大化制造商的利润之和。制造商 m 确定最优研发水平的问题可以描述为：

$$\max_{x_m, x_n} \pi_{mn} = \omega_m^* q_m^* + \omega_n^* q_n^* - (x_m^2 + x_n^2)/2 \tag{6-20}$$

联立 $\partial\pi_{mn}/\partial x_m = 0$，$\partial\pi_{mn}/\partial x_n = 0$，可求得制造商 m 的研发水平为：

$$\tilde{x}_m^* = -\delta_1\theta^2\alpha_1/\Delta_2 \tag{6-21}$$

其中，$\Delta_2 = \beta(\delta_1+1)\theta^3\alpha_1 + \alpha_{11} + s(\alpha_1+1)(2\alpha_1-1)^2$，$\alpha_{11} = \theta^4 - 3\theta^3 - 12\theta^2 - 9\theta - 2$。

2. 第一阶段：最优补贴率

与制造商选择不合作策略相同，政府也以国家福利最大化为目的确定最优补贴率，政府确定最优补贴率的问题可表示为：

$$\max_s W = (1-s)\sum_{m=1}^{2} p_m^* q_m^* + \left(\sum_{m=1}^{2} q_m^*\right)^2/2 - \sum_{m=1}^{2}(\tilde{x}_m^*)^2/2 - \left(\sum_{m=1}^{2} e_m^*\right)^2/2 \tag{6-22}$$

根据 $\partial W/\partial s=0$，可求得制造商之间半合作下最优的补贴率为：

$$s^{sc}=-\frac{2\alpha_4\theta^2\beta^2+4\alpha_4\theta^2\beta+\alpha_{12}}{\alpha_{13}} \qquad (6-23)$$

其中，$\alpha_{12}=4\theta^4+3\theta^3-23\theta^2-20\theta-4$，$\alpha_{13}=6\theta^4+25\theta^3+35\theta^2+20\theta+4$。进而可求得制造商选择半合作策略下的均衡结果为：

$$x_m^{sc}=-\delta_1(3\alpha_1-1)\alpha_1^2/\Gamma_1 \qquad (6-24)$$

$$\omega_m^{sc}=\theta\left[1+\theta(1+\beta)x_m^{sc}\right]/\left[(2\alpha_1-1)(1-s^{sc})\right] \qquad (6-25)$$

$$q_m^{sc}=\left[1+\omega_m^{sc}(s^{sc}-1)+\theta\delta_1 x_m^{sc}\right]/\left[2(\alpha_1+1)\right] \qquad (6-26)$$

$$p_m^{sc}=\left[1+(1-s^{sc})\omega_m^{sc}+\theta\delta_1 x_m^{sc}\right]/\left[2(1-s^{sc})\right] \qquad (6-27)$$

$$\pi_m^{sc}=\omega_m^{sc}q_m^{sc}-(x_m^{sc})^2/2 \qquad (6-28)$$

$$\pi_r^{sc}=2(p_m^{sc}-\omega_m^{sc})q_m^{sc} \qquad (6-29)$$

经比较可知：当 $\beta,\theta\in(0,1)$ 时，制造商选择半合作策略下研发水平、产量、批发价格及零售价格均为正。$\mathrm{sign}(s^{sc})=\mathrm{sign}(-(2\alpha_4\theta^2\beta^2+4\alpha_4\theta^2\beta+\alpha_{12}))$。如图 6-1 所示，令 $2\alpha_4\theta^2\beta^2+4\alpha_4\theta^2\beta+\alpha_{12}=0$，可求得 $\theta=f_1(\beta)$（负值舍去）。当 $\theta<f_1(\beta)$ 时，有 $2\alpha_4\theta^2\beta^2+4\alpha_4\theta^2\beta+\alpha_{12}<0$ 成立，从而有 $s^{sc}>0$ 成立；反之，当 $\theta>f_1(\beta)$ 时，有 $2\alpha_4\theta^2\beta^2+4\alpha_4\theta^2\beta+\alpha_{12}>0$ 成立，从而有 $s^{sc}<0$ 成立。

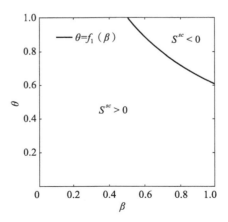

图 6-1　半合作模型下消费补贴率为正的条件

（三）完全合作模型的求解

完全合作模型的第四阶段的求解同不合作模型，即零售商对制造商 m 生产的最终产品确定的零售价格见(6-6)式，下面依次求解完全合作模型的第三阶段、第二阶段和第一阶段。

1. 第三阶段：最优批发价格

与不合作模型和半合作模型不同的是，在完全合作模型下，每个制造商确定最优批发价格以最大化制造商的利润之和。给定政府的补贴率和制造商的减排研发水平，制造商 m 确定最优批发价格的问题可以描述为：

$$\max_{\omega_m,\omega_n}\pi_{mn}=\omega_m q_m^* +\omega_n q_n^* -(x_m^2+x_n^2)/2 \tag{6-30}$$

联立 $\partial\pi_{mn}/\partial\omega_m=0$，$\partial\pi_{mn}/\partial\omega_n=0$，可求得制造商 m 制定的批发价格为：

$$\widetilde{\omega}_m^{**}=[1+\theta(x_m+\beta x_n)]/[2(1-s)] \tag{6-31}$$

2. 第二阶段：最优研发水平

与制造商选择半合作策略相同，在制造商选择完全合作策略下，每个制造商也以制造商的利润之和最大化为目的确定最优研发水平。制造商 m 确定最优研发水平的问题可以描述为：

$$\max_{x_m,x_n}\pi_{mn}=\widetilde{\omega}_m^{**} q_m^* +\widetilde{\omega}_n^{**} q_n^* -(x_m^2+x_n^2)/2 \tag{6-32}$$

联立 $\partial\pi_{mn}/\partial x_m=0$，$\partial\pi_{mn}/\partial x_n=0$，可求得制造商 m 的研发水平为：

$$\widetilde{x}_m^{**}=\delta_1\theta/\Delta_3 \tag{6-33}$$

其中，$\Delta_3=4(\alpha_1+1)(1-s)-\theta^2\delta_1^2$。

3. 第一阶段：最优补贴率

与制造商选择不合作策略相同，政府也以国家福利最大化为目的确定最优补贴率，政府确定最优补贴率的问题可表示为：

$$\max_s W = (1-s)\sum_{m=1}^{2} p_m^* q_m^* + \left(\sum_{m=1}^{2} q_m^*\right)^2/2 - \sum_{m=1}^{2} (\tilde{x}_m^{**})^2/2 - \left(\sum_{m=1}^{2} e_m^*\right)^2/2$$

$$(6-34)$$

根据 $\partial W/\partial s = 0$，可求得制造商之间完全合作下最优的补贴率为：

$$s^{cc} = -\frac{\theta(3\alpha_1+5)\beta^2 + 2\theta(3\alpha_1+5)\beta + 2(\theta\alpha_1-4)}{\theta(3\alpha_1+7)+8} \qquad (6-35)$$

进而可求得制造商选择完全合作策略下的均衡结果为：

$$x_m^{cc} = -\delta_1(3\alpha_1+1)/\Gamma_2 \qquad (6-36)$$

$$\omega_m^{cc} = (1+\theta\delta_1 x_m^{cc})/[2(1-s^{cc})] \qquad (6-37)$$

$$q_m^{cc} = [1+\omega_m^{cc}(s^{cc}-1)+\theta\delta_1 x_m^{cc}]/[2(\alpha_1+1)] \qquad (6-38)$$

$$p_m^{cc} = [1+(1-s^{cc})\omega_m^{cc}+\theta\delta_1 x_m^{cc}]/[2(1-s^{cc})] \qquad (6-39)$$

$$\pi_m^{cc} = \omega_m^{cc} q_m^{cc} - (x_m^{cc})^2/2 \qquad (6-40)$$

$$\pi_r^{cc} = 2(p_m^{cc}-\omega_m^{cc})q_m^{cc} \qquad (6-41)$$

其中，$\Gamma_2 = \alpha_{14}\beta^2 + 2\alpha_{14}\beta + \alpha_{15}$，$\alpha_{14} = 3\theta^2 - 8\theta - 32$，$\alpha_{15} = 3\theta^2 - 16\theta - 48$。经比较可知：当 $\beta, \theta \in (0,1)$ 时，制造商选择完全合作策略下研发水平、产量、批发价格及零售价格均为正。$\text{sign}(s^{cc}) = \text{sign}(-(\theta(3\alpha_1+5)\beta^2 + 2\theta(3\alpha_1+5)\beta + 2(\theta\alpha_1-4)))$。如图 6-2 所示，令 $\theta(3\alpha_1+5)\beta^2 + 2\theta(3\alpha_1+5)\beta + 2(\theta\alpha_1-4) = 0$，可求得 $\theta = f_2(\beta)$。当 $\theta < f_2(\beta)$ 时，有 $\theta(3\alpha_1+5)\beta^2 + 2\theta \cdot (3\alpha_1+5)\beta + 2(\theta\alpha_1-4) < 0$ 成立，从而有 $s^{cc} > 0$ 成立；反之，当 $\theta > f_2(\beta)$ 时，有 $\theta(3\alpha_1+5)\beta^2 + 2\theta(3\alpha_1+5)\beta + 2(\theta\alpha_1-4) > 0$ 成立，从而有 $s^{cc} < 0$ 成立。

综合图 6-1 和图 6-2，可以得到图 6-3 的结果，由于 $f_2(\beta) < f_1(\beta)$，因此，当 $\theta < f_2(\beta)$ 时，有 $s^{sc} > 0$，$s^{cc} > 0$；当 $f_2(\beta) < \theta < f_1(\beta)$，有 $s^{sc} > 0$，$s^{cc} < 0$；当 $\theta > f_1(\beta)$，有 $s^{sc} < 0$，$s^{cc} < 0$。综合不合作模型、半合作模型和完全合作模型的均衡解大于 0 的条件，可以知：当 $\theta < f_2(\beta)$ 时，各模型均都有内点解。

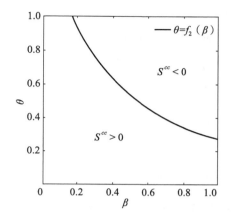

图 6-2　完全合作模型下
消费补贴率为正的条件

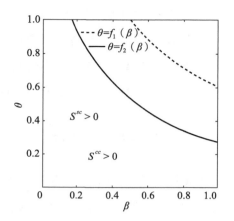

图 6-3　各模型的均衡解
均为正的条件

第三节　减排研发策略选择的效果分析

一、减排研发水平比较

根据（6-14）式、（6-24）式和（6-36）式，可以比较政府提供消费补贴下制造商选择不合作策略、半合作策略与完全合作策略时制造商的研发水平，结果如下：

$$\begin{cases} x_m^{sc} - x_m^{nc} = 0 \\ x_m^{cc} - x_m^{nc} = x_m^{cc} - x_m^{sc} = -2\delta_1(\chi_1\theta^3 + \chi_2\theta^2 + 22\chi_3\theta + 8\chi_3)/(\Gamma_1\Gamma_2) \end{cases} \tag{6-42}$$

其中，$\chi_1 = 9\beta^2 + 18\beta + 13$，$\chi_2 = 35\beta^2 + 70\beta + 52$，$\chi_3 = 2\beta^2 + 4\beta + 3$。根据（6-42）式，容易证明：当 $\theta < f_2(\beta)$ 时，$x_m^{cc} < x_m^{nc} = x_m^{sc}$ 恒成立。即制造商选择不合作策略下制造商的减排研发水平与其选择半合作策略下的相等，并都高于制造商选择完全合作策略下的减排研发水平。因此，根据制造商选择不合作策略、半合作策略与完全合作策略时制造商的减排研发水平比较，可以有如下命题：

命题 1 当 $\theta < f_2(\beta)$ 时，有 $x_m^{cc} < x_m^{nc} = x_m^{sc}$。

命题 1 意味着，当各模型均有内点解时，与制造商选择不合作策略相比，制造商选择半合作策略不会改变制造商的减排研发水平，但制造商选择完全合作策略会降低制造商的减排研发水平。

二、净碳排放量比较

记制造商选择不合作策略下制造商 m 的净碳排放量为 $e_m^{nc} = q_m^{nc} - x_m^{nc} - \beta x_n^{nc}$，选择半合作策略下制造商 m 的净碳排放量为 $e_m^{sc} = q_m^{sc} - x_m^{sc} - \beta x_n^{sc}$，选择完全合作策略下制造商 m 的净碳排放量为 $e_m^{cc} = q_m^{cc} - x_m^{cc} - \beta x_n^{cc}$。根据（6-14）式、（6-16）式、（6-24）式、（6-26）式、（6-36）式和（6-38）式，可以比较政府提供消费补贴下制造商选择不合作策略、半合作策略与完全合作策略时制造商的净碳排放量，结果如下：

$$\begin{cases} e_m^{sc} - e_m^{nc} = 0 \\ e_m^{cc} - e_m^{nc} = e_m^{cc} - e_m^{sc} = \chi_3 \left(9\delta_1^2\theta^3 + \chi_4\theta^2 + 10\chi_5\theta - 8 \right) / (\Gamma_1\Gamma_2) \end{cases} \tag{6-43}$$

其中，$\chi_4 = 27\beta^2 + 54\beta + 19$，$\chi_5 = \beta^2 + 2\beta - 1$。根据（6-43）式，容易证明：当 $\theta < f_2(\beta)$ 时，有 $e_m^{sc} = e_m^{nc}$。即与制造商选择不合作策略相比，制造商选择半合作策略不会改变其净碳排放量。$\mathrm{sign}\,(e_m^{cc} - e_m^{nc}) = \mathrm{sign}\,(e_m^{cc} - e_m^{sc}) = \mathrm{sign}(9\delta_1^2\theta^3 + \chi_4\theta^2 + 10\chi_5\theta - 8)$。如图 6-4 所示，令 $9\delta_1^2\theta^3 + \chi_4\theta^2 + 10\chi_5\theta - 8 = 0$，可求得 $\theta = f_3(\beta)$。若 $\theta < f_3(\beta)$，有 $e_m^{cc} < e_m^{nc}$ 和 $e_m^{cc} < e_m^{sc}$，即与制造商选择不合作策略或半合作策略相比，制造商选择完全合作策略会降低制造商的净碳排放量。若 $f_3(\beta) < \theta < f_2(\beta)$，有 $e_m^{cc} > e_m^{nc}$ 和 $e_m^{cc} > e_m^{sc}$，即与制造商选择不合作策略或半合作策略相比，制造商选择完全合作策略会增加制造商的净碳排放量。因此，根据制造商选择不合作策略、半合作策略与完全合作策略时制造商的净碳排放量比较，可以有如下命题：

命题 2 当 $\theta < f_2(\beta)$ 时，若 $\theta < f_3(\beta)$，有 $e_m^{cc} < e_m^{nc} = e_m^{sc}$；若 $f_3(\beta) < \theta < f_2(\beta)$，

有 $e_m^{nc} = e_m^{sc} < e_m^{cc}$。

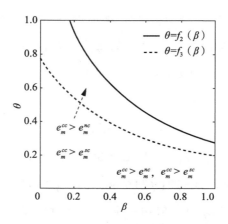

图6-4 完全合作与半合作和半合作制造商的净碳排放量比较

命题2意味着，当各模型均有内点解时，与制造商选择不合作策略相比，若消费者对低碳产品的偏好程度和减排研发成果的溢出率之间能满足 $\theta < f_3(\beta)$，制造商选择半合作策略不会改变制造商的净碳排放量，但是制造商选择完全合作策略会降低制造商的净碳排放量。若消费者对低碳产品的偏好程度和减排研发成果的溢出率之间能满足 $f_3(\beta) < \theta < f_2(\beta)$，制造商选择半合作策略也不会改变制造商的净碳排放量，但是制造商选择完全合作策略会增加制造商的净碳排放量。相比较而言，$\theta < f_3(\beta)$ 所占的面积较大，因此，制造商选择完全合作策略下制造商的净碳排放量是最低的可能性较大。

三、企业利润比较

（一）制造商的利润比较

根据(6-18)式、(6-28)式和(6-40)式，可以比较政府提供消费补贴下制造商选择不合作策略、半合作策略与完全合作策略时制造商的利润，结果如下：

$$\begin{cases} \pi_m^{sc}-\pi_m^{nc}=-\alpha_1^2(2\alpha_1-1)(3\alpha_1-1)(2\beta\theta^2+\varphi_1\theta+\varphi_2)(\varphi_3\theta^2+\varphi_4\theta+2\varphi_5)/(\theta\Gamma_1^2\Gamma_3) \\ \pi_m^{cc}-\pi_m^{nc}=-(36\beta\delta_1^2\varphi_7\theta^{10}+6\varphi_8\theta^9-\varphi_9\theta^8-\varphi_{10}\theta^7-\varphi_{11}\theta^6-\varphi_{12}\theta^5-2\varphi_{13}\theta^4- \\ \qquad\qquad 2\varphi_{14}\theta^3-8\varphi_{15}\theta^2-8\varphi_5\varphi_{16}\theta-32\varphi_2\varphi_5^2)/(\theta\Gamma_1^2\Gamma_2\Gamma_3) \\ \pi_m^{cc}-\pi_m^{sc}=-(\chi_1\theta^3+\chi_2\theta^2+22\chi_3\theta+8\chi_3)/(\theta\Gamma_1\Gamma_2) \end{cases}$$

$$(6\text{-}44)$$

其中，$\varphi_1=4\beta-1$，$\varphi_2=\beta-1$，$\varphi_3=3\beta^2+\beta+5$，$\varphi_4=9\beta^2+18\beta+4$，$\varphi_5=2\beta^2+4\beta+3$，$\Gamma_3=2\theta^2-\varphi_6\theta-\varphi_2$，$\varphi_6=\beta-4$，$\varphi_7=3\beta^2+6\beta+5$，$\varphi_8=99\beta^5+396\beta^4+606\beta^3+418\beta^2+75\beta-2$，$\varphi_9=579\beta^5+2313\beta^4+6884\beta^3+9168\beta^2+5897\beta-9$，$\varphi_{10}=12069\beta^5+48127\beta^4+91909\beta^3 87289\beta^2+38614\beta-664$，$\varphi_{11}=39761\beta^5+158149\beta^4+287944\beta^3+258072\beta^2+103311\beta-3173$，$\varphi_{12}=66035\beta^5+261671\beta^4+465601\beta^3+404265\beta^2+151836\beta-7452$，$\varphi_{13}=31908\beta^5+125587\beta^4+219213\beta^3+184645\beta^2+64554\beta-5500$，$\varphi_{14}=18413\beta^5+71495\beta^4+121690\beta^3 97898\beta^2+29980\beta-5372$，$\varphi_{15}=1530\beta^5+5778\beta^4+9406\beta^3+6886\beta^2+1431\beta-812$，$\varphi_{16}=130\beta^3+202\beta^2+81\beta-89$。根据(6-44)式，容易证明：当$\theta<f_2(\beta)$时，有$\text{sign}(\pi_m^{sc}-\pi_m^{nc})=\text{sign}(-(2\beta\theta^2+\varphi_1\theta+\varphi_2))$，$\text{sign}(\pi_m^{cc}-\pi_m^{nc})=\text{sign}(-(36\beta\delta_1^2\varphi_7\theta^{10}+6\varphi_8\theta^9-\varphi_9\theta^8-\varphi_{10}\theta^7-\varphi_{11}\theta^6-\varphi_{12}\theta^5-2\varphi_{13}\theta^4-2\varphi_{14}\theta^3-8\varphi_{15}\theta^2-8\varphi_5\varphi_{16}\theta-32\varphi_2\varphi_5^2))$。

如图6-5所示，令$2\beta\theta^2+\varphi_1\theta+\varphi_2=0$，可求得$\theta=g_1(\beta)$。若$\theta<\min(f_2(\beta),g_1(\beta))$，有$\pi_m^{sc}>\pi_m^{nc}$，即与制造商选择不合作策略相比，制造商选择半合作策略会增加制造商的利润。若$g_1(\beta)<\theta<f_2(\beta)$，有$\pi_m^{sc}<\pi_m^{nc}$，即与制造商选择不合作策略相比，制造商选择半合作策略会降低制造商的利润。

同理，如图6-6，令$36\beta\delta_1^2\varphi_7\theta^{10}+6\varphi_8\theta^9-\varphi_9\theta^8-\varphi_{10}\theta^7-\varphi_{11}\theta^6-\varphi_{12}\theta^5-2\varphi_{13}\theta^4-2\varphi_{14}\theta^3-8\varphi_{15}\theta^2-8\varphi_5\varphi_{16}\theta-32\varphi_2\varphi_5^2=0$，可求得$\theta=g_2(\beta)$。若$\theta<g_2(\beta)$，有$\pi_m^{cc}>\pi_m^{nc}$，即与制造商选择不合作策略相比，制造商选择完全合作策略会增加制造商的利润。若$g_2(\beta)<\theta<f_2(\beta)$，有$\pi_m^{cc}<\pi_m^{nc}$，即与制造商选择不合作策略

相比，制造商选择完全合作策略会降低制造商的利润。此外，当 $\theta<f_2(\beta)$ 时，恒有 $\pi_m^{cc}<\pi_m^{sc}$，即与制造商选择半合作策略相比，制造商选择完全策略总是会降低制造商的利润。

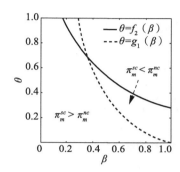

图6-5　不合作与半合作
下制造商的利润比较

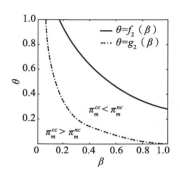

图6-6　不合作与完全合作
下制造商的利润比较

如图6-7所示，若 $\theta<g_2(\beta)$，见图6-7中的 I 区，有 $\pi_m^{nc}<\pi_m^{cc}<\pi_m^{sc}$。即与制造商选择不合作策略相比，制造商选择半合作策略和完全合作策略均会增加制造商的利润，且制造商选择半合作策略下其利润最高。若 $g_1(\beta)<\theta<\min(f_2(\beta),g_1(\beta))$，见图6-7中的 II 区，有 $\pi_m^{cc}<\pi_m^{nc}<\pi_m^{sc}$。与制造商选择不合作策略相比，制造商选择半合作策略会增加其利润，但是制造商选择完全合作策略会降低制造商的利润。若 $g_1(\beta)<\theta<f_2(\beta)$，见图6-7中的 III 区，有 $\pi_m^{cc}<\pi_m^{sc}<\pi_m^{nc}$。与制造商选择不合作策略相比，制造商选择半合作策略和完全合作策略均会降低制造商的利润，且制造商选择完全合作策略下其利润最低。因此，根据制造商选择不合作策略、半合作策略与完全合作策略时制造商的利润比较，可以有如下命题：

命题3　当 $\theta<f_2(\beta)$ 时，若 $\theta<g_2(\beta)$，有 $\pi_m^{nc}<\pi_m^{cc}<\pi_m^{sc}$；若 $g_2(\beta)<\theta<\min(f_2(\beta),g_1(\beta))$，有 $\pi_m^{cc}<\pi_m^{nc}<\pi_m^{sc}$；若 $g_2(\beta)<\theta<f_2(\beta)$，有 $\pi_m^{cc}<\pi_m^{sc}<\pi_m^{nc}$。

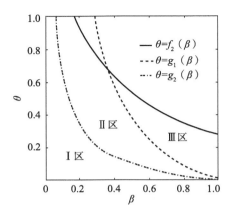

图6-7 不同减排研发形式下制商利润的综合比较

命题3意味着，当各模型均有内点解时，与制造商选择不合作策略相比，若消费者对低碳产品的偏好程度和减排研发成果的溢出率之间能满足 $\theta<g_2(\beta)$，制造商选择半合作策略和完全合作策略均会增加制造商的利润，且制造商选择半合作策略下制造商的利润最高。若消费者对低碳产品的偏好程度和减排研发成果的溢出率之间能满足 $g_2(\beta)<\theta<\min(f_2(\beta),g_1(\beta))$，制造商选择半合作策略会增加制造商的利润，但是制造商选择完全合作策略会降低制造商的利润。若消费者对低碳产品的偏好程度和减排研发成果的溢出率之间能满足 $g_2(\beta)<\theta<f_2(\beta)$，制造商选择半合作策略和完全合作策略均会降低制造商的利润，且制造商选择完全合作策略下制造商的利润最低。相比较而言，$g_2(\beta)<\theta<\min(f_2(\beta),g_1(\beta))$ 所占的面积较大，因此，制造商选择完全合作策略下制造商获得最低利润的可能性较大，制造商选择半合作策略下制造商获得最高利润的可能性较大。

（二）零售商的利润比较

根据(6-19)式、(6-29)式和(6-41)式，可以比较政府提供消费补贴下制造商选择不合作策略、半合作策略与完全合作策略时零售商的利润，结果如下：

$$
\left\{
\begin{array}{l}
\pi_r^{sc} - \pi_r^{nc} = -\alpha_1^3 (2\alpha_1 - 1)(3\alpha_1 - 1)(2\beta\theta^2 + \varphi_1\theta + \varphi_2)(\varphi_3\theta^2 + \varphi_4\theta + 2\varphi_5)/(\theta^2 \Gamma_1^2 \Gamma_3) \\[2mm]
\pi_r^{cc} - \pi_r^{nc} = (108\beta\delta_1^4 \varphi_7 \theta^{12} + 18\delta_1^2 \varphi_1 \theta^{11} - 3\varphi_2 \theta^{10} - \varphi_3 \theta^9 - \varphi_4 \theta^8 + \varphi_5 \theta^7 + \varphi_6 \theta^6 + 2\varphi_7 \theta^5 + \\[2mm]
\qquad 4\varphi_8 \theta^4 + 32\varphi_9 \theta^3 + 96\varphi_{10}\varphi_5 \theta^2 + 128\varphi_{11}\varphi_5^2 \theta + 512\varphi_{12}\varphi_5^3)/(\theta \Gamma_1^2 \Gamma_2^2 \Gamma_3) \\[2mm]
\pi_r^{cc} - \pi_r^{sc} = -(9\delta_1^4 \gamma_1 \theta^{10} - 9\delta_1^2 \gamma_2 \theta^9 - \gamma_3 \theta^8 - \gamma_4 \theta^7 + \gamma_5 \theta^6 + 2\gamma_6 \theta^5 + \\[2mm]
\qquad 4\gamma_7 \theta^4 + 32\gamma_8 \theta^3 + 128\gamma_9 \varphi_5 \theta^2 + 512\gamma_{10}\varphi_5^2 \theta + 1024\varphi_5^3)/(\theta^2 \Gamma_1^2 \Gamma_2^2)
\end{array}
\right.
$$

$$(6-45)$$

其中，$\varphi_1 = 69\beta^5 + 276\beta^4 + 358\beta^3 + 166\beta^2 - 47\beta + 2$，$\varphi_3 = 3009\beta^7 + 18435\beta^6 + 54383\beta^5 + 94193\beta^4 + 98631\beta^3 + 59117\beta^2 + 16233\beta + 1023$，$\varphi_4 = 59952\beta^7 + 369036\beta^6 + 1014221\beta^5 + 1583397\beta^4 + 1454738\beta^3 + 748726\beta^2 + 170817\beta + 16745$，$\varphi_5 = 50484\beta^7 + 313928\beta^6 + 642063 \cdot \beta^5 + 423727\beta^4 - 522806\beta^3 - 1073322\beta^2 - 671101\beta - 72765$，$\varphi_6 = 504396\beta^7 + 3159482\beta^6 + 9906541\beta^5 + 18619555\beta^4 + 22265422\beta^3 + 16320112\beta^2 + 6557417\beta + 865443$，$\varphi_7 = 2046715\beta^7 + 12963953\beta^6 + 39244704\beta^5 + 70360122\beta^4 + 79714795\beta^3 + 55804861\beta^2 + 21827466\beta + 3217352$，$\varphi_8 = 1914101\beta^7 + 12262427\beta^6 + 37000603\beta^5 + 65862233\beta^4 + 73945847\beta^3 + 51541405 \cdot \beta^2 + 20325785\beta + 3232823$，$\varphi_9 = 1057094\beta^7 + 6848506\beta^6 + 20739669\beta^5 + 36988349\beta^4 + 41597106\beta^3 + 29153310\beta^2 + 11666391\beta + 1958303$，$\varphi_{10} = 90676\beta^7 + 593696\beta^6 + 1808128\beta^5 + 3239952\beta^4 + 3661367\beta^3 + 2586048\beta^2 + 1049696\beta + 183079$，$\varphi_{11} = 6334\beta^5 + 29202\beta^4 + 60375\beta^3 + 66523\beta^2 + 38937\beta + 9169$，$\varphi_{12} = 557\beta^3 + 1485\beta^2 + 1600\beta + 570$，$\varphi_{13} = 7\beta + 5$，$\gamma_1 = 9\beta^2 + 18\beta + 17$，$\gamma_2 = 56\beta^4 + 224\beta^3 + 461\beta^2 + 474\beta + 245$，$\gamma_3 = 6120\beta^6 + 36720\beta^5 + 98711\beta^4 + 150044 \cdot \beta^3 + 133650\beta^2 + 65132\beta + 12391$，$\gamma_4 = 5614\beta^6 + 33684\beta^5 + 67173\beta^4 + 44132\beta^3 - 46540\beta^2 - 91520\beta - 49743$，$\gamma_5 = 77871\beta^6 + 467226\beta^5 + 1372432\beta^4 + 2374888\beta^3 + 2554107\beta^2 + 1604374\beta + 481182$，$\gamma_6 = 155011\beta^6 + 930066\beta^5 + 2634119\beta^4 + 4336036\beta^3 + 4379021\beta^2 + 2566146\beta + 706473$，$\gamma_7 = 132746\beta^6 + 796476\beta^5 + 2227935\beta^4 + 3601900\beta^3 + 3551108\beta^2 + 2022352\beta + 536099$，$\gamma_8 = 15432\beta^6 + 9292\beta^5 + 257264\beta^4 + 411776\beta^3 + 400485\beta^2 + 224330\beta + 58151$，$\gamma_9 = 1010\beta^4 + 4040\beta^3 + 7168\beta^2 + 6256\beta + 2421$，$\gamma_{10} = 35\beta^2 + 70\beta + 54$。根据（6-45）式，

容易证明：对 $\theta < f_2(\beta)$，有 $\mathrm{sign}(\pi_r^{sc} - \pi_r^{nc}) = \mathrm{sign}(-(2\beta\theta^2 + \varphi_1\theta + \varphi_2))$。

如图 6-8 所示，当 $\theta = g_1(\beta)$ 时，有 $2\beta\theta^2 + \varphi_1\theta + \varphi_2 = 0$。若 $\theta < \min(f_2(\beta),$ $g_1(\beta))$，有 $\pi_r^{sc} > \pi_r^{nc}$，即与制造商选择不合作策略相比，制造商选择半合作策略会增加零售商的利润。若 $g_1(\beta) < \theta < f_2(\beta)$，有 $\pi_r^{sc} < \pi_r^{nc}$，即与制造商选择不合作策略相比，制造商选择半合作策略会降低零售商的利润。此外，当 $\theta < f_2(\beta)$ 时，恒有 $\pi_r^{cc} < \pi_r^{nc}$ 和 $\pi_r^{cc} < \pi_r^{sc}$。即与制造商选择不合作策略相比，制造商选择完全合作策略必定会降低零售商的利润；与制造商选择半合作策略相比，制造商选择完全合作策略也必定会降低零售商的利润。

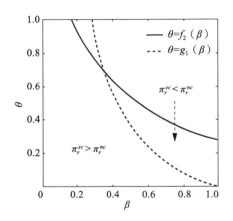

图 6-8　不合作与半合作下零售商的利润比较

综合起来可以发现，若 $\theta < \min(f_2(\beta), g_1(\beta))$，有 $\pi_r^{cc} < \pi_r^{nc} < \pi_r^{sc}$，即与制造商选择不合作策略相比，制造商选择半合作策略会增加零售商的利润，制造商选择完全合作策略会降低零售商的利润。若 $g_1(\beta) < \theta < f_2(\beta)$，有 $\pi_r^{cc} < \pi_r^{sc} < \pi_r^{nc}$，即与制造商选择不合作策略相比，制造商选择半合作策略和完全合作策略均会降低零售商的利润，且制造商选择完全合作策略下零售商的利润最低。因此，根据制造商选择不合作策略、半合作策略与完全合作策略时零售商的利润比较，可有如下命题：

命题 4　当 $\theta < f_2(\beta)$ 时，若 $\theta < \min(f_2(\beta), g_1(\beta))$，有 $\pi_r^{cc} < \pi_r^{nc} < \pi_r^{sc}$；若 $g_1(\beta) < \theta < f_2(\beta)$，有 $\pi_r^{cc} < \pi_r^{sc} < \pi_r^{nc}$。

命题 4 意味着，当各模型均有内点解时，与制造商选择不合作策略相比，若消费者对低碳产品的偏好程度和减排研发成果的溢出率之间能满足 $\theta < \min(f_2(\beta), g_1(\beta))$，制造商选择半合作策略会增加零售商的利润，但制造商选择完全合作策略会降低零售商的利润。若消费者对低碳产品的偏好程度和减排研发成果的溢出率之间能满足 $g_1(\beta) < \theta < f_2(\beta)$，制造商选择半合作策略和完全合作策略均会降低零售商的利润，且制造商选择完全合作策略下零售商的利润最低。相比较而言，$\theta < \min(f_2(\beta), g_1(\beta))$ 所占的面积较大，因此，制造商选择完全合作策略下零售商必定会获得最低的利润，制造商选择半合作策略下零售商获得最高利润的可能性较大。

（三）供应链的利润比较

记制造商选择不合作策略下供应链的利润为 $\pi^{nc} = \pi_1^{nc} + \pi_2^{nc} + \pi_r^{nc}$，选择半合作策略下供应链的利润为 $\pi^{sc} = \pi_1^{sc} + \pi_2^{sc} + \pi_r^{sc}$，选择完全合作策略下供应链的利润为 $\pi^{cc} = \pi_1^{cc} + \pi_2^{cc} + \pi_r^{cc}$。根据（6-18）式、（6-19）式、（6-28）式、（6-29）式、（6-40）式和（6-41）式，可以比较政府提供消费补贴下制造商选择不合作策略、半合作策略与完全合作策略时供应链的利润，结果如下：

$$
\begin{cases}
\pi^{sc} - \pi^{nc} = -\alpha_1^2(2\alpha_1-1)(3\alpha_1-1)(3\alpha_1-2)(2\beta\theta^2+\varphi_1\theta+\varphi_2) \cdot \\
\qquad (\varphi_3\theta^2+\varphi_4\theta+2\varphi_5)/(\theta^2\Gamma_1^2\Gamma_3) \\
\pi^{cc} - \pi^{nc} = -(324\beta\delta_1^4\varphi_7\theta^{12}+18\delta_1^2\lambda_1\theta^{11}-3\lambda_2\theta^{10}-\lambda_3\theta^9-\lambda_4\theta^8+\lambda_5\theta^7+ \\
\qquad \lambda_6\theta^6+2\lambda_7\theta^5+4\lambda_8\theta^4+16\lambda_9\theta^3+32\lambda_{10}\varphi_5\theta^2+128\lambda_{11}\varphi_5^2\theta+ \\
\qquad 1536\lambda_{12}\varphi_5^3)/(\theta\Gamma_1^2\Gamma_2^2\Gamma_3) \\
\pi^{cc} - \pi^{sc} = -(9\delta_1^4\upsilon_1\theta^{10}-3\delta_1^2\upsilon_2\theta^9-\upsilon_3\theta^8-\upsilon_4\theta^7+\upsilon_5\theta^6+2\upsilon_6\theta^5+4\upsilon_7\theta^4+ \\
\qquad 32\upsilon_8\theta^3+128\varphi_7\upsilon_9\theta^2+1536\varphi_7^2\upsilon_{10}\theta+1024\varphi_7^3)/(\theta^2\Gamma_1^2\Gamma_2^2)
\end{cases}
$$

$$（6-46）$$

其中，$\lambda_1 = 171\beta^5 + 684\beta^4 + 834\beta^3 + 298\beta^2 - 217\beta - 2$，$\lambda_2 = 9639\beta^7 + 58209\beta^6 + 166881\beta^5 + 279027\beta^4 + 280257\beta^3 + 158623\beta^2 + 38423\beta + 877$，$\lambda_3 = 161118\beta^7 +$

$975186\beta^6+2606781\beta^5+3911825\beta^4+3376208\beta^3+1547508\beta^2+247781\beta+11897$，$\lambda_4 = 58890\beta^7 + 361570\beta^6 + 317041\beta^5 - 1191347\beta^4 - 3642348\beta^3 - 3956836\beta^2 - 1868671\beta - 69691$，$\lambda_5 = 1516778\beta^7 + 9224732\beta^6 + 27717953\beta^5 + 49411895\beta^4 + 55302660\beta^3 + 36910530\beta^2 + 12562193\beta + 744875$，$\lambda_6 = 5265083\beta^7 + 32201917\beta^6 + 93641916\beta^5 + 159672914\beta^4 + 169430943\beta^3 + 107577473\beta^2 35316818\beta + 2740280$，$\lambda_7 = 4427271\beta^7 + 27242661\beta^6 + 78665149\beta^5 + 132668667\beta^4 + 138897931\beta^3 + 87396617\beta^2 + 28911297\beta + 2731359$，$\lambda_8 = 2207094\beta^7 + 13669914\beta^6 + 39465781\beta^5 + 66451229\beta^4 + 69460278\beta^3 + 43867566\beta^2 + 14809027\beta + 1618095$，$\lambda_9 = 340116\beta^7 + 2120332\beta^6 6136424\beta^5 + 10352912\beta^4 + 10853089\beta^3 + 6909375\beta^2 + 2385045\beta + 289503$，$\lambda_{10} = 31750\beta^5 + 135642\beta^4 + 259323\beta^3 + 256583\beta^2 + 128273\beta + 20317$，$\lambda_{11} = 821\beta^3 + 1893\beta^2 + 1762\beta + 384$，$\lambda_{12} = 3\beta+1$，$\nu_1 = 27\beta^2 + 54\beta + 43$，$\nu_2 = 174\beta^4 + 696\beta^3 + 1701\beta^2 + 2010\beta + 1151$，$\nu_3 = 10890\beta^6 + 65340\beta^5 + 176233\beta^4 + 269332\beta^3 + 241704\beta^2 + 118984\beta + 23293$，$\nu_4 = 14708\beta^6 + 88248\beta^5 200893\beta^4 + 215252\beta^3 + 60514\beta^2 - 74148\beta - 61291$，$\nu_5 = 108023\beta^6 + 648138\beta^5 + 1917024\beta^4 + 3347176\beta^3 + 3634791\beta^2 + 2303598\beta + 696098$，$\nu_6 = 223147\beta^6 + 1338882\beta^5 + 3791811\beta^4 + 6241364\beta^3 + 6301389\beta^2 + 3690402\beta + 1014485$，$\nu_7 = 185178\beta^6 + 1111068\beta^5 + 3105823\beta^4 + 5016172\beta^3 + 4938504\beta^2 + 2807512\beta + 742343$，$\nu_8 = 20336\beta^6 + 122016\beta^5 + 338800\beta^4 + 541760\beta^3 + 526207\beta^2 + 294270\beta + 76109$，$\nu_9 = 1234\beta^4 + 4936\beta^3 + 8748\beta^2 + 7624\beta + 2943$，$\nu_{10} = 13\beta^2 + 26\beta + 20$。根据(6-46)式易证：当 $\theta<f_2(\beta)$ 时，有 $\mathrm{sign}(\pi^{sc}-\pi^{nc}) = \mathrm{sign}(-(2\beta\theta^2+\varphi_1\theta+\varphi_2))$。如图 6-9 所示，由于 $\theta=g_1(\beta)$ 时，$2\beta\theta^2+\varphi_1\theta+\varphi_2 = 0$。若 $\theta<\min(f_2(\beta), g_1(\beta))$，有 $\pi^{sc}>\pi^{nc}$，即与制造商选择不合作策略相比，制造商选择半合作策略会增加供应链的利润。若 $g_1(\beta)<\theta<f_2(\beta)$，有 $\pi^{sc}<\pi^{nc}$，即与制造商选择不合作策略相比，制造商选择半合作策略会降低供应链的利润。此外，当 $\theta<f_2(\beta)$ 时，恒有 $\pi^{cc}<\pi^{nc}$ 和 $\pi^{cc}<\pi^{sc}$。与制造商选择不合作策略相比，制造商选择完全合作策略必定会降低供应链的利润；与制造商选择半合作策略相比，制造商选择完全合作策略也必定会降低供应链的利润。

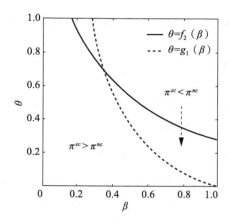

图 6-9　不合作与半合作下供应链的利润比较

综合起来可以发现，若 $\theta < \min(f_2(\beta), g_1(\beta))$，有 $\pi^{cc} < \pi^{nc} < \pi^{sc}$，即与制造商选择不合作策略相比，制造商选择半合作策略会增加供应链的利润，但制造商选择完全合作策略会降低供应链的利润。若 $g_1(\beta) < \theta < f_2(\beta)$，有 $\pi^{cc} < \pi^{sc} < \pi^{nc}$。即与制造商选择不合作策略相比，制造商选择半合作策略和完全合作策略均会降低供应链的利润，且制造商选择完全合作策略供应链的利润最低。因此，根据制造商选择不合作策略、半合作策略与完全合作策略时供应链的利润比较，可以有如下命题。

命题 5　当 $\theta < f_2(\beta)$ 时，若 $\theta < \min(f_2(\beta), g_1(\beta))$，有 $\pi^{cc} < \pi^{nc} < \pi^{sc}$；若 $g_1(\beta) < \theta < f_2(\beta)$，有 $\pi^{cc} < \pi^{sc} < \pi^{nc}$。

命题 5 意味着，当各模型均有内点解时，与制造商选择不合作策略相比，若消费者对低碳产品的偏好程度和减排研发成果的溢出率之间能满足 $\theta < \min(f_2(\beta), g_1(\beta))$，制造商选择半合作策略会增加供应链的利润，但制造商选择完全合作策略会降低供应链的利润。若消费者对低碳产品的偏好程度和减排研发成果的溢出率之间能满足 $g_1(\beta) < \theta < f_2(\beta)$，制造商选择半合作策略和完全合作策略均会降低供应链的利润，且制造商选择完全合作策略下供应链的利润最低。相比较而言，$\theta < \min(f_2(\beta), g_1(\beta))$ 所占的面积较大，因此，制造商选择完全合作策略下供应链总是会获得最低的利润，

制造商选择半合作策略下供应链获得最高利润的可能性较大。

四、综合比较

综合制造商的减排研发水平、净碳排放量和利润、零售商的利润以及供应链利润的比较，可以发现：当 $\theta < f_2(\beta)$ 时，$x_m^{cc} < x_m^{nc} = x_m^{sc}$，$e_m^{sc} = e_m^{nc}$，$\pi_m^{cc} < \pi_m^{sc}$，$\pi_r^{cc} < \pi_r^{nc}$，$\pi_r^{cc} < \pi_r^{sc}$，$\pi^{cc} < \pi^{nc}$ 和 $\pi^{cc} < \pi^{sc}$。即与制造商选择不合作策略相比，制造商选择半合作策略不会改变制造商的减排研发水平和利润，但制造商选择完全合作策略会降低制造商的减排研发水平、零售商的利润和供应链的利润；与制造商选择半合作策略相比，制造商选择完全合作策略会降低制造商的减排研发水平和利润、零售商的利润和供应链的利润。

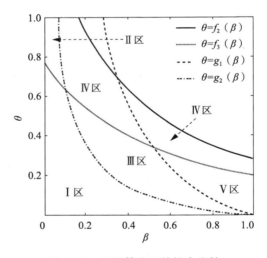

图 6-10　不同策略下的综合比较

如图 6-10 所示，若 $\theta < \min(f_3(\beta), g_2(\beta))$，见图 6-10 中的 I 区，有 $e_m^{cc} < e_m^{nc}$，$e_m^{cc} < e_m^{sc}$，$\pi_m^{sc} > \pi_m^{nc}$，$\pi_m^{cc} > \pi_m^{nc}$，$\pi_r^{sc} > \pi_r^{nc}$，$\pi^{sc} > \pi^{nc}$，即与制造商选择不合作策略相比，制造商选择半合作策略会增加制造商的利润、零售商的利润和供应链的利润，制造商选择完全合作策略会降低制造商的净碳排放量和增加制造商的利润；与制造商选择半合作策略相比，制造商选择完全合作策略会降低制造商的净碳排放量。

若 $f_3(\beta)<\theta<g_2(\beta)$，见图 6-10 中的 Ⅱ 区，有 $e_m^{cc}>e_m^{nc}$，$e_m^{cc}>e_m^{sc}$，$\pi_m^{sc}>\pi_m^{nc}$，$\pi_m^{cc}>\pi_m^{nc}$，$\pi_r^{sc}>\pi_r^{nc}$，$\pi^{sc}>\pi^{nc}$，即与制造商选择不合作策略相比，制造商选择半合作策略会增加制造商的利润、零售商的利润和供应链的利润，制造商选择完全合作策略会增加制造商的净碳排放量和利润；与制造商选择半合作策略相比，制造商选择完全合作策略会增加制造商的净碳排放量。

若 $g_2(\beta)<\theta<\min(f_3(\beta),g_1(\beta))$，见图 6-10 中的 Ⅲ 区，有 $e_m^{cc}<e_m^{nc}$，$e_m^{cc}<e_m^{sc}$，$\pi_m^{sc}>\pi_m^{nc}$，$\pi_m^{cc}<\pi_m^{nc}$，$\pi_r^{sc}>\pi_r^{nc}$，$\pi^{sc}>\pi^{nc}$，即与制造商选择不合作策略相比，制造商选择半合作策略会增加制造商的利润、零售商的利润和供应链的利润，制造商选择完全合作策略会降低制造商的净碳排放量和利润；与制造商选择半合作策略相比，制造商选择完全合作策略会降低制造商的净碳排放量。

若 $\max(f_3(\beta),g_2(\beta))<\theta<\min(f_2(\beta),g_1(\beta))$，见图 6-10 中的 Ⅳ 区，有 $e_m^{cc}>e_m^{nc}$，$e_m^{cc}>e_m^{sc}$，$\pi_m^{sc}>\pi_m^{nc}$，$\pi_m^{cc}<\pi_m^{nc}$，$\pi_r^{sc}>\pi_r^{nc}$，$\pi^{sc}>\pi^{nc}$，即与制造商选择不合作策略相比，制造商选择半合作策略会增加制造商的利润、零售商的利润和供应链的利润，制造商选择完全合作策略会增加制造商的净碳排放量，降低制造商的利润；与制造商选择半合作策略相比，制造商选择完全合作策略会增加制造商的净碳排放量。

若 $g_1(\beta)<\theta<f_3(\beta)$，见图 6-10 中的 Ⅴ 区，有 $e_m^{cc}<e_m^{nc}$，$e_m^{cc}<e_m^{sc}$，$\pi_m^{sc}<\pi_m^{nc}$，$\pi_m^{cc}<\pi_m^{nc}$，$\pi_r^{sc}<\pi_r^{nc}$，$\pi^{sc}<\pi^{nc}$，即与制造商选择不合作策略相比，制造商选择半合作策略会降低制造商的利润、零售商的利润和供应链的利润，制造商选择完全合作策略会降低制造商的净碳排放量和利润；与制造商选择半合作策略相比，制造商选择完全合作策略会降低制造商的净碳排放量。

若 $\max(f_3(\beta),g_1(\beta))<\theta<f_2(\beta)$，见图 6-10 中的 Ⅵ 区，有 $e_m^{cc}>e_m^{nc}$，$e_m^{cc}>e_m^{sc}$，$\pi_m^{sc}<\pi_m^{nc}$，$\pi_m^{cc}<\pi_m^{nc}$，$\pi_r^{sc}<\pi_r^{nc}$，$\pi^{sc}<\pi^{nc}$，即与制造商选择不合作策略相比，制造商选择半合作策略会降低制造商的利润、零售商的利润和供应链的利润，制造商选择完全合作策略会增加制造商的净碳排放量，降低制造

商的利润；与制造商选择半合作策略相比，制造商选择完全合作策略会增加制造商的净碳排放量。

因此，根据制造商选择不合作策略、半合作策略与完全合作策略时制造商的减排研发水平、制造商的净碳排放量、制造商的利润、零售商的利润以及供应链的利润比较，可以有如下命题：

命题 6 当 $\theta < f_2(\beta)$ 时，若 $\theta < \min(f_3(\beta), g_2(\beta))$，有 $x_m^{cc} < x_m^{sc} = x_m^{nc}$，$e_m^{cc} < e_m^{sc} = e_m^{nc}$ 和 $\pi_m^{nc} < \pi_m^{cc} < \pi_m^{sc}$，$\pi_r^{cc} < \pi_r^{nc} < \pi_r^{sc}$，$\pi^{cc} < \pi^{nc} < \pi^{sc}$；若 $f_3(\beta) < \theta < g_2(\beta)$，有 $x_m^{cc} < x_m^{sc} = x_m^{nc}$ 和 $e_m^{cc} > e_m^{sc} = e_m^{nc}$，$\pi_m^{nc} < \pi_m^{cc} < \pi_m^{sc}$，$\pi_r^{cc} < \pi_r^{nc} < \pi_r^{sc}$，$\pi^{cc} < \pi^{nc} < \pi^{sc}$；若 $g_2(\beta) < \theta < \min(f_3(\beta), g_1(\beta))$，有 $x_m^{cc} < x_m^{sc} = x_m^{nc}$，$e_m^{cc} < e_m^{sc} = e_m^{nc}$，$\pi_m^{cc} < \pi_m^{nc} < \pi_m^{sc}$，$\pi_r^{cc} < \pi_r^{nc} < \pi_r^{sc}$，$\pi^{cc} < \pi^{nc} < \pi^{sc}$；若 $\max(f_3(\beta), g_2(\beta)) < \theta < \min(f_2(\beta), g_1(\beta))$，有 $x_m^{cc} < x_m^{sc} = x_m^{nc}$，$e_m^{cc} > e_m^{sc} = e_m^{nc}$，$\pi_m^{cc} < \pi_m^{nc} < \pi_m^{sc}$，$\pi_r^{cc} < \pi_r^{nc} < \pi_r^{sc}$，$\pi^{cc} < \pi^{nc} < \pi^{sc}$。若 $g_1(\beta) < \theta < f_3(\beta)$，有 $x_m^{cc} < x_m^{sc} = x_m^{nc}$，$e_m^{cc} < e_m^{sc} = e_m^{nc}$ 和 $\pi_m^{cc} < \pi_m^{sc} < \pi_m^{nc}$，$\pi_r^{cc} < \pi_r^{sc} < \pi_r^{nc}$，$\pi^{cc} < \pi^{sc} < \pi^{nc}$；若 $\max(f_3(\beta), g_1(\beta)) < \theta < f_2(\beta)$，有 $x_m^{cc} < x_m^{sc} = x_m^{nc}$，$e_m^{cc} > e_m^{sc} = e_m^{nc}$，$\pi_m^{cc} < \pi_m^{sc} < \pi_m^{nc}$，$\pi_r^{cc} < \pi_r^{sc} < \pi_r^{nc}$，$\pi^{cc} < \pi^{sc} < \pi^{nc}$。

命题 6 意味着，若 $\theta < \min(f_3(\beta), g_2(\beta))$，与制造商选择不合作策略相比，制造商选择半合作策略不会影响制造商的减排研发水平和净碳排放量，会增加制造商的利润、零售商的利润和供应链的利润，制造商选择完全合作会降低制造商的减排研发水平、净碳排放量、零售商的利润和供应链的利润，但会增加制造商的利润；与制造商选择半合作策略相比，制造商选择完全合作策略会降低制造商的减排研发水平、净碳排放量、制造商的利润、零售商的利润和供应链的利润。

若 $f_3(\beta) < \theta < g_2(\beta)$，与制造商选择不合作策略相比，制造商选择半合作策略不会影响制造商的减排研发水平和净碳排放量，会增加制造商的利润、零售商的利润和供应链的利润，制造商选择完全合作策略会降低制造商的减排研发水平、零售商的利润和供应链的利润，增加制造商的净碳排放量和利润；与制造商选择半合作策略相比，制造商选择完全合作策略会降低制造商的减排研发水平和利润、零售商的利润以及供应链的利润，增

加制造商的净碳排放量。

若 $g_2(\beta)<\theta<\min(f_3(\beta),g_1(\beta))$，与制造商选择不合作策略相比，制造商选择半合作策略不会影响制造商的减排研发水平和净碳排放量，会增加制造商的利润、零售商的利润和供应链的利润；与制造商选择不合作策略或半合作策略相比，制造商选择完全合作策略会降低制造商的减排研发水平、净碳排放量和利润、零售商的利润和供应链的利润。

若 $\max(f_3(\beta),g_2(\beta))<\theta<\min(f_2(\beta),g_1(\beta))$，与制造商选择不合作策略相比，制造商选择半合作策略不会影响制造商的减排研发水平和净碳排放量，会增加制造商的利润、零售商的利润和供应链的利润；与制造商选择不合作策略或半合作策略相比，制造商选择完全合作策略会降低制造商的减排研发水平和利润、零售商的利润和供应链的利润，增加制造商的净碳排放量。

若 $g_1(\beta)<\theta<f_3(\beta)$，与制造商选择不合作策略相比，制造商选择半合作策略不会影响制造商的减排研发水平和净碳排放量，会降低制造商的利润、零售商的利润和供应链的利润；与制造商选择不合作策略或半合作策略相比，制造商选择完全合作策略会降低制造商的减排研发水平、净碳排放量和利润、零售商的利润和供应链的利润。

若 $\max(f_3(\beta),g_1(\beta))<\theta<f_2(\beta)$，与制造商选择不合作策略相比，制造商选择半合作策略不会影响制造商的减排研发水平和净碳排放量，降低制造商的利润、零售商的利润和供应链的利润；与制造商选择不合作策略或半合作策略相比，制造商选择完全合作策略会降低制造商的减排研发水平和利润、零售商的利润和供应链的利润，会增加制造商的净碳排放量。

相比较而言，$\theta<\min(f_3(\beta),g_2(\beta))$ 所占的面积较大，因此，制造商选择完全合作策略下制造商的减排研发水平、净碳排放量、零售商的利润和供应链的利润是最低的可能性较大，制造商的利润介于制造商选择不合作策略和完全合作策略之间的可能性较大，制造商选择半合作策略下制造商的减排研发水平、净碳排放量和利润、零售商的利润和供应链的利润均最

高的可能性较大。

第四节　结　论

本章以两个制造商和单个零售商组成的两级供应链为研究对象，并考虑到消费者低碳产品的偏好，制造商之间可以选择不合作策略（不进行减排研发合作）、半合作策略（仅进行减排研发合作）和完全合作策略（同时进行减排研发合作和定价合作），构建了政府确定对消费者的补贴率、制造商确定研发水平、制造商确定产品的批发价格以及零售商确定产品的零售价格的四阶段动态博弈模型。运用逆向归纳法求得各博弈模型的均衡解，并比较了制造商选择不同策略下减排研发水平、净碳排放量和企业利润。

研究结果表明：制造商选择不合作策略与半合作策略下制造商的减排研发水平相等，均高于制造商选择完全合作策略下的减排研发水平；制造商选择不合作策略与半合作策略下制造商的净碳排放量相等，与制造商选择完全合作下的不相上下，但制造商选择完全合作策略下制造商的净碳排放量是最低的可能性较大；制造商选择不合作策略、半合作策略和完全合作策略下制造商的利润不相上下，但制造商选择完全合作策略下制造商获得最低利润的可能性较大，制造商选择半合作下制造商获得最高利润的可能性较大；制造商选择完全合作策略下零售商的利润最低，制造商选择不合作策略与半合作策略下零售商的利润不相上下，但制造商选择半合作下零售商获得最高利润的可能性较大；制造商选择完全合作策略下供应链的利润最低，制造商选择不合作策略与半合作策略下供应链的利润不相上下，但制造商选择半合作策略下供应链获得最高利润的可能性较大。

参考文献

曹斌斌，肖忠东，祝春阳．2018．考虑政府低碳政策的双销售模式供应链决策研究[J]．中国管理科学，26(4)：30-40．

曹二保，胡畔．2018．基于时间偏好不一致的供应链碳减排动态投资决策研究[J]．软科学，32(3)：77-83．

曹国华，赖苹，朱勇．2013．节能减排技术研发的补贴和合作政策比较[J]．科技管理研究(23)：27-32+40．

曹细玉，覃艳华，张杰芳．2017．基于政府不同补贴模式下的供应链碳减排策略与协调[J]．华中师范大学学报：自然科学版(1)：93-99．

曹细玉，张杰芳．2018．碳减排补贴与碳税下的供应链碳减排决策优化与协调[J]．运筹与管理，27(4)：57-61．

陈晓红，曾祥宇，王傅强．2016．碳限额交易机制下碳交易价格对供应链碳排放的影响[J]．系统工程理论与实践，36(10)：2562-2571．

程发新，邵世玲，徐立峰，等．2015．基于政府补贴的企业主动碳减排最优策略研究[J]．中国人口·资源与环境，25(7)：32-39．

程永伟，穆东．2016．供应链的碳税模式及最优税率[J]．系统管理学报，25(4)：752-758．

邓学衷．2017．环境税、减排补贴与企业投资均衡[J]．长沙理工大学学报(社会科学版)，32(4)：102-107．

丁志刚，徐琪．2014．供应链实施低碳技术的博弈与激励机制研究[J]．北京理工大学学报：社会科学版，16(4)：13-17．

樊纲，苏铭，曹静.2010.最终消费与碳减排责任的经济学分析[J].经济研究(1)：4-14.

樊世清，汪晴，陈莉.2017.政府补贴下的三级低碳供应链减排博弈研究[J].工业技术经济(11)：12-20.

樊勇，王夏耘，王蔚.2012.选择不同环节征收碳税的政策效果分析——以对汽车使用征收碳税为例[J].税务研究(10)：55-58.

范丹丹，徐琪.2018.不同权力结构下企业碳减排与政府补贴决策分析[J].软科学，32(12)：68-74.

凤振华，邹乐乐，魏一鸣.2010.中国居民生活与CO_2排放关系研究[J].中国能源，32(3)：37-40.

傅京燕，李存龙.2015.中国居民消费的间接用能碳排放测算及驱动因素研究——基于STIRPAT模型的面板数据分析[J].消费经济(2)：92-96.

高新伟，闫昊本.2018.新能源产业补贴政策差异比较：R&D补贴，生产补贴还是消费补贴[J].中国人口·资源与环境，28(6)：30-40.

韩中，陈耀辉，时云.2018.国际最终需求视角下消费碳排放的测算与分解[J].数量经济技术经济研究，35(7)：115-130.

何欢浪，岳咬兴.2009.策略性环境政策：环境税和减排补贴的比较分析[J].财经研究(2)：137-144.

何新华，武鹏星.2020.产业链的合作机制选择与低碳产品定价及碳减排策略[J].产经评论(1)：17-29.

侯玉梅，贾萌，陈天培，等.2016.碳关税下政府补贴政策及企业减排研发决策的研究[J].生态经济，32(3)：52-58+63.

黄振华.2010.家电下乡政策：反响与效果[J].财经问题研究(4)：107-111.

计国君，胡李妹.2015.考虑碳税的企业碳减排演化博弈分析[J].统计与决策(12)：58-61.

姜跃，韩水华.2016.碳税规制下供应商参与对企业减排决策的影响分析[J]. 软科学，30(6)：43-48.

姜跃，韩水华 . 2017. 碳税规制下零售商减排成本分担对企业减排决策的影响[J]. 商业研究，59(8)：158-166.

李冬冬，杨晶玉 . 2015. 基于排污权交易的最优减排研发补贴研究[J]. 科学学研究，33(10)：1504-1510.

李冬冬，杨晶玉 . 2019. 基于政府补贴的企业最优减排技术选择研究[J]. 中国管理科学(7)：177-185.

李峰，王文举 . 2016. 居民生活消费碳税开征的公平性——以征收汽车碳税为例[J]. 经济与管理研究(12)：66-72.

李剑，苏秦，马俐 . 2016. 碳排放约束下供应链的碳交易模型研究[J]. 中国管理科学，24(4)：54-62.

李金溪，易余胤 . 2020. 考虑垂直溢出的供应链碳减排决策模型[J]. 管理工程学报，34(1)：136-146.

李庆 . 2012. 新能源消费补贴的微观分析[J]. 财贸经济(12)：136-141.

李晓妮，韩瑞珠 . 2016. 低碳经济下政府政策对供应链企业决策影响研究[J]. 科技管理研究，36(1)：240-245.

李友东，夏良杰，王锋正，等 . 2019. 考虑渠道权力结构的低碳供应链减排策略比较研究[J]. 管理评论，31(11)：240-254.

李友东，谢鑫鹏，营刚 . 2016. 两种分成契约下供应链企业合作减排决策机制研究[J]. 中国管理科学，24(3)：61-70.

李友东，谢鑫鹏 . 2017. 考虑消费者低碳偏好的供应链企业减排成本分摊比较研究[J]. 运筹与管理(10)：65-73.

李友东，赵道致，夏良杰 . 2014. 低碳供应链纵向减排合作下的政府补贴策略[J]. 运筹与管理，23(4)：1-11.

李友东，赵道致 . 2014. 考虑政府补贴的低碳供应链研发成本分摊比较研究[J]. 软科学(2)：25-30+35.

梁玲，孙威风，杨光，等 . 2019. 基于低碳偏好的多对一型供应链减排博弈[J]. 统计与决策，35（3）：56-60.

　　林秀群，童祥轩，梁超. 2017. 基于终端消费的云南省碳排放总量测算及驱动因素实证研究[J]. 生态科学，36（5）：144-151.

　　刘传明，孙喆，张瑾. 2019. 中国碳排放权交易试点的碳减排政策效应研究[J]. 中国人口·资源与环境，29（11）：49-58.

　　刘名武，王霖. 2019. 考虑减排投资溢出效应的供应链决策研究[J]. 工业工程与管理（1）：54-63.

　　刘小兰，杨军，王清蓉. 2017. 碳排放交易机制下政府补贴的供应链减排博弈分析[J]. 昆明理工大学学报：社会科学版（2）：73-82.

　　刘宇. 2015. 中国主要双边贸易隐含二氧化碳排放测算——基于区分加工贸易进口非竞争型投入产出表[J]. 财贸经济，36（5）：96-108.

　　柳键，邱国斌. 2011. 政府补贴背景下制造商和零售商博弈研究[J]. 软科学（9）：52-57.

　　龙超，王勇. 2018. 碳税与补贴政策下三级供应链的减排合作研究[J]. 预测，37（5）：52-57.

　　娄峰. 2014. 碳税征收对我国宏观经济及碳减排影响的模拟研究[J]. 数量经济技术经济研究（10）：84-96+109.

　　楼高翔，张洁琼，范体军，周炜星. 2016. 非对称信息下供应链减排投资策略及激励机制[J]. 管理科学学报，19（2）：42-52.

　　骆瑞玲，范体军，夏海洋. 2014. 碳排放交易政策下供应链碳减排技术投资的博弈分析[J]. 中国管理科学，22（11）：44-53.

　　马秋卓，宋海清，陈功玉. 2014. 考虑碳交易的供应链环境下产品定价与产量决策研究[J]. 中国管理科学，22（8）：37-46.

　　马晓哲，王铮，唐钦能，朱永彬. 2016. 全球实施碳税政策对碳减排及世界经济的影响评估[J]. 气候变化研究进展，12（3）：217-229.

　　孟卫军，姚雨，申成然. 2018. 基于碳税的供应链合作减排补贴策略研究[J]. 科技管理研究（9）：254-261.

孟卫军.2010b.基于减排研发的补贴和合作政策比较[J].系统工程(11)：123-126.

孟卫军.2010b.溢出率、减排研发合作行为和最优补贴政策[J].科学学研究，28(8)：1160-1164.

庞庆华，沈一，杨田田，等.2017.考虑碳税和政府补贴政策的供应链碳减排协调研究[J].江西理工大学学报，38(6)：39-44.

乔小勇，李泽怡，相楠.2018.中间品贸易隐含碳排放流向追溯及多区域投入产出数据库对比——基于 WIOD、Eora、EXIOBASE 数据的研究[J].财贸经济，39(1)：84-100.

沈满洪.1998.环境管理中补贴手段的效应分析[J].数量经济技术经济研究(7)：29-33.

石敏俊，袁永娜，周晟吕，李娜.2013.碳减排政策：碳税、碳交易还是两者兼之？[J].管理科学学报，16(9)：9-19.

史卓然，赵道致.2013.自愿减排市场中供应链碳减排合作联盟研究[J].西北工业大学学报：社会科学版(3)：47-53.

宋妍，李振冉，张明.2019.异质性视角下促进绿色产品消费的补贴与征税政策比较[J].中国人口·资源与环境，29(8)：59-65.

宋之杰，孙其龙.2012.减排视角下企业的最优研发与补贴[J].科研管理，33(10)：80-89.

苏明，邢丽，许文，施文泼.2016.推进环境保护税立法的若干看法与政策建议[J].财政研究(1)：38-45.

孙嘉楠，肖忠东.2018.考虑消费者双重偏好的低碳供应链减排策略研究[J].中国管理科学，26(4)：49-56.

田洪刚.2011."家电下乡"政策对农村居民的消费效应检验——基于经验数据的实证分析[J].产经评论(2)：113-119.

田江，李登凯，秦霞.2014.供应链碳排放博弈机制研究——基于碳减排率视角[J].生态经济，30(9)：56-58.

田珍．2012．耐用消费品消费补贴的受益归属评析［J］．现代经济探讨（6）：35-38．

汪臻，赵定涛，洪进．2012．消费者责任视角下的区域间碳减排责任分摊研究［J］．中国科技论坛（10）：103-109．

王道平，王婷婷，张博卿．2019a．基于微分博弈的供应链合作减排和政府补贴策略［J］．控制与决策，34（8）：1733-1744．

王道平，王婷婷，张博卿．2019b．政府补贴下供应链合作减排的微分博弈［J］．运筹与管理（5）：46-55．

王芹鹏，赵道致．2014．消费者低碳偏好下的供应链收益共享契约研究［J］．中国管理科学，22（9）：106-113．

王芹鹏，赵道致，何龙飞．2014．供应链企业碳减排投资策略选择与行为演化研究［J］．管理工程学报（3）：185-194．

王玮，陈丽华．2015．技术溢出效应下供应商与政府的研发补贴策略［J］．科学学研究，33（3）：363-368+418．

王文娟．2011．家电下乡政策的效率与公平性分析——基于支农惠农目标的评估［J］．中国软科学（12）：92-100．

王一雷，朱庆华，夏西强．2017．基于消费偏好的供应链上下游联合减排协调契约博弈模型［J］．系统工程学报，32（2）：188-198．

魏守道．2018．碳交易政策下供应链减排研发的微分博弈研究［J］．管理学报（5）：782-790．

魏守道．2020．碳交易下供应链横向减排研发策略效果分析［J］．企业经济（2）：19-23．

魏守道，汪前元．2015．南北国家环境规制政策选择的效应研究——基于碳税和碳关税的博弈分析［J］．财贸经济，36（11）：148-159．

魏守道，汪前元．2016．基于碳排放责任视角的碳税征收方式选择［J］．商业经济与管理（4）：69-78．

魏守道，周建波．2016．碳税政策下供应链低碳技术研发策略选择［J］．

管理学报，13(12)：1834-1841.

温兴琦，程海芳，蔡建湖，等.2018.绿色供应链中政府补贴策略及效果分析[J].管理学报，15(4)：625-632.

吴力波，钱浩祺，汤维祺.2014.基于动态边际减排成本模拟的碳排放权交易与碳税选择机制[J].经济研究(9)：48-61.

吴文清，刘晓英，赵黎明.2015.消费者学习与政府补贴下的制造商-供应商合作研发[J].系统工程，33(10)：1-7.

吴先华，郭际，郭雯倩.2011.基于商品贸易的中美间碳排放转移测算及启示[J].科学学研究，29(9)：1323-1330.

夏良杰，郝旺强，吴梦娇.2015.碳税规制下基于转移支付的供应链减排优化研究[J].经济经纬，32(4)：114-120.

夏良杰，赵道致，李友东.2013.基于转移支付契约的供应商与制造商联合减排[J].系统工程(8)：43-50.

向小东，李翀.2019.三级低碳供应链联合减排及宣传促销微分博弈研究[J].控制与决策，34(8)：1776-1788.

谢鑫鹏，赵道致.2013a.零供两级低碳供应链减排与促销决策机制研究[J].西北工业大学学报：社会科学版，11(1)：57-62.

谢鑫鹏，赵道致.2013b.基于CDM的两级低碳供应链企业产品定价与减排决策机制研究[J].软科学，27(5)：80-85.

谢鑫鹏，赵道致.2013c.低碳供应链企业减排合作策略研究[J].管理科学，26(3)：108-117.

谢鑫鹏，赵道致.2014.低碳供应链生产及交易决策机制[J].控制与决策，29(4)：651-658.

熊榕.2019.基于消费者低碳偏好的供应链碳减排策略[J].上海海事大学学报，40(4)：52-60.

熊勇清，黄恬恬，苏燕妮.2018.新能源汽车消费促进政策对制造商激励效果的差异性——"政府采购"与"消费补贴"比较视角[J].科学学与科学技术管理(2)：33-41.

熊中楷，张盼，郭年．2014. 供应链中碳税和消费者环保意识对碳排放影响[J]. 系统工程理论与实践，34(9)：2245-2252.

徐春秋，赵道致，原白云，等．2016. 下游联合减排与低碳宣传的微分博弈模型[J]. 管理科学学报，19(2)：53-65.

徐朗，汪传旭，罗珈．2017. 技术溢出与产品差异对政府补贴和制造商减排决策的影响[J]. 商业研究(6)：34-42.

徐盈之，周秀丽．2014. 基于"生产者与消费者共担"原则的最优碳税模拟[J]. 中国地质大学学报：社会科学版，14(5)：36-44.

杨惠霄，骆建文．2016. 碳税政策下的供应链减排决策研究[J]. 系统工程理论与实践，36(12)：3092-3102.

杨宽，刘信钰．2016. 基于消费者低碳偏好和内部融资的供应链碳减排决策[J]. 系统工程(11)：91-101.

杨磊，张琴，张智勇．2017. 交易机制下供应链渠道选择与减排策略[J]. 管理科学学报，20(11)：75-87.

杨仕辉，付菊．2015. 基于消费者补贴的供应链碳减排优化[J]. 产经评论(6)：104-115.

杨仕辉，孔珍珠，杨景茜．2016. 碳补贴政策下低碳供应链企业一体化策略分析[J]. 产经评论(6)：27-38.

杨仕辉，王麟凤．2015. 最优环境研发补贴及技术溢出的效应分析[J]. 经济与管理评论(3)：5-11.

杨仕辉，王平．2016. 基于碳配额政策的两级低碳供应链博弈与优化[J]. 控制与决策，31(5)：924-928.

杨仕辉，魏守道．2013a. 溢出率、低碳技术研发形式与碳税政策选择[J]. 研究与发展管理，25(6)：62-71.

杨仕辉，魏守道．2013b. 南北环境政策合作的环境效应及可行性分析——基于碳排放配额政策的研究[J]. 国际贸易问题(12)：126-136.

杨仕辉，魏守道.2016.企业环境研发、产品差异化与政府环境管制［J］.中国管理科学，24（1）：59-168.

杨仕辉，魏守道，翁蔚哲.2016.南北碳排放配额政策博弈分析与策略选择［J］.管理科学学报，19（1）：12-23.

姚昕，刘希颖.2010.基于增长视角的中国最优碳税研究［J］.经济研究（11）：48-58.

叶同，关志民，陶瑾，等.2017.虑消费者低碳偏好和参考低碳水平效应的供应链联合减排动态优化与协调［J］.中国管理科学，25（10）：52-61.

游达明，朱桂菊.2014.不同竞合模式下企业生态技术创新最优研发与补贴［J］.中国工业经济（8）：122-134.

于文超，殷华.2015.财政补贴对农村居民消费的影响研究——基于"家电下乡"政策的反事实分析［J］.农业技术经济（3）：63-72.

余晓泓，徐苗.2017.消费者责任视角下中国产业部门对外贸易碳排放责任研究［J］.产经评论，8（1）：18-30.

俞超，汪传旭，任阳军.2018.基于消费者补贴的多产品供应链碳减排和价格决策［J］.上海海事大学学报，39（1）：67-73.

占华.2016.博弈视角下政府污染减排补贴政策选择的研究［J］.财贸经济，37（4）：30-42.

张彩云，张运婷.2014.碳排放的区际比较及环境不公平——消费者责任角度下的实证分析［J］.当代经济科学，36（3）：26-34.

张汉江，张佳雨，赖明勇.2015.低碳背景下政府行为及供应链合作研发博弈分析［J］.中国管理科学，23（10）：57-66.

张红，黄嘉敏，崔琰琰.2018.考虑政府补贴下具有公平偏好的绿色供应链博弈模型及契约协调研究［J］.工业技术经济，37（1）：111-121.

张李浩，宋相勃，张广雯，等.2017.基于碳税的供应链碳减排技术投资协调研究［J］.计算机集成制造系统，23（4）：883-891.

张李浩，张广雯，张荣.2018.低碳供应链与高碳供应链之间的竞争契约均衡选择策略[J]. 计算机集成制造系统，24(3)：763-771.

张星伟. 2020. 低碳偏好下三级供应链协调策略研究[J]. 科技和产业(1)：90-95.

张艳芳，张宏运. 2016. 陕西省居民消费碳排放测算与分析[J]. 陕西师范大学学报：自科版，44(2)：98-105.

赵丹，戢守峰. 2020. 公平关切和低碳偏好下供应链减排投资策略研究[J]. 工业技术经济(1)：94-104.

赵道致，原白云，徐春秋. 2016. 低碳环境下供应链纵向减排合作的动态协调策略[J]. 管理工程学报，30(1)：147-154.

赵立祥，王丽丽. 2018. 消费领域碳减排政策研究进展与展望[J]. 科技管理研究，38(3)：239-246.

郑筱婷，蒋奕，林暾. 2012. 公共财政补贴特定消费品促进消费了吗？——来自"家电下乡"试点县的证据[J]. 经济学(季刊)，11(4)：134-1344.

中国财政科学研究院课题组. 2018. 在积极推进碳交易的同时择机开征碳税[J]. 财政研究(4)：2-19.

钟章奇，姜磊，何凌云，等. 2018. 基于消费责任制的碳排放核算及全球环境压力[J]. 地理学报，73(3)：442-459.

周建波，魏守道. 2018. 低碳技术研发创新形式的策略选择[J]. 哈尔滨商业大学学报：社会科学版(2)：74-81.

周平，王黎明. 2011. 中国居民最终需求的碳排放测算[J]. 统计研究，28(7)：71-78.

周艳菊，胡凤英，周正龙，等. 2017. 最优碳税税率对供应链结构和社会福利的影响[J]. 系统工程理论与实践，37(4)：886-900.

周艳菊，黄雨晴，陈晓红，等. 2015. 促进低碳产品需求的供应链减排成本分担模型[J]. 中国管理科学，23(7)：85-93.

Accenture. 2009. Only one in 10 companies actively manage their supply chain carbon footprints [EB/OL]. http://newsroom. accenture. com/articledisplay. cfm? articleid=4801.

Barde J P, Honkatukia O. 2004. Environmentally harmful subsidies [A]. in Tom Tietenberg, and Henk Folmer (ed.), The international yearbook of environmental and resource economics 2004/2005[M]. Michigen: Edward Elgar.

Bastianoni S, Pulselli F M, Tiezzi E. 2004. The problem of assigning responsibility for greenhouse gas emissions[J]. Ecological Economics, 49(3): 253-257.

Beers C V, Jeroen C J M. van den Bergh. 2001. Perseverance of perverse subsidies and their impact on trade and environment[J]. Ecological Economics, 36(3): 475-486.

Benjaafar S, Li Y, Daskin M. 2013. Carbon footprint and the management of supply chains: investigation from simple models[J]. Automation Science and Engineering, 10(1): 99-116.

Brandt L, Zhu X. 2000. Redistribution in a decentralized economy: growth and inflation in china under reform[J]. Journal of Political Economy, 108(2): 422-439.

Caillavet F, de Fadhuile A, Nichèle V. 2019. Assessing the distributional effects of carbon taxes on food: Inequalities and nutritional insights in France[J]. Ecological Economics, 163: 20-31.

Carbone J C, Helm C, Rutherford T F. 2009. The case for international emission trade in the absence of cooperative climate policy[J]. Journal of Environmental Economics and Management, 58(3): 266-280.

Chen Y. 2009. Does a regional greenhouse gas policy make sense? A case study of carbon leakage and emissions spillover[J]. Energy Economics, 31(5): 667-675.

Chiou J R, Hu J L. 2001. Environmental research joint ventures under emission taxes[J]. Environmental and Resource Economics, 20(2): 129-146.

Chitra K. 2007. In search of the green consumers: A perceptual study[J]. Journal of Services Research, 1(7): 173-191.

Cohen M A, Vandenbergh M P. 2012. The potential role of carbon labeling in a green economy[J]. Energy Economics, 34(1): 53-63.

D'Aspremont C, Jacquemin A. 1988. Cooperative and non-cooperative R&D in duopoly with spillover[J]. American Economic Review, 5(78): 1133-1137.

Du S F, Zhu L L, Liang L, et al. 2013. Emission-dependent supply chain and environment-policy-making in the 'cap-and-trade' system[J]. Energy Policy, 57: 61-67.

Fischer C M, Greaker K, Rosendahl E. 2012. Emissions leakage and subsidies for pollution abatement, pay the polluter of the supplier of the remedy? [R]. Norway: Discussion Papers No. 708, Statistics Norway, Research Department.

Fredriksson P G. 1998. Environmental policy choice: Pollution abatement subsidies[J]. Resource & Energy Economics, 20: 51-63.

Galinato G I, Yoder J K. 2010. An integrated tax-subsidy policy for carbon emission reduction[J]. Resource & Energy Economics, 32(3): 310-326.

García-Muros X, Markandya A, Desiderio Romero-Jordán, et al. 2016. The distributional effects of carbon-based food taxes[J]. Journal of Cleaner Production, 140: 996-1006.

Guo J, Zou L L, Wei Y M. 2010. Impact of inter-sectoral trade on national and global CO_2 emissions: An empirical analysis of China and US[J]. Energy Policy, 38(3): 1389-1397.

Hattori K. 2010. Firm incentives for environmental R&D under non-cooperative and cooperative policies[R]. Munich: MPRA Papers No. 24754, University Library of Munich.

Hong Z F, Guo X L. 2019. Green product supply chain contracts considering environmental responsibilities[J]. Omega, 83: 155-166.

Huang J, Leng M, Liang L, et al. 2013. Promoting electric automobiles：supply chain analysis under a government's subsidy incentive scheme［J］. IIE Transactions, 45(8)：826−844.

Ibanez L, Grolleau G. 2008. Can eco labeling schemes preserve the environment［J］. Environmental and Resource Economics, 2(40)：233−249.

Jouvet P A, Michel P, Rotillon G. 2010. Competitive markets for pollution permits：Impact on factor income and international equilibrium［J］. Environmental Modeling and Assessment, 15(1)：1−11.

Kamien M I, Muller E, Zang I. 1992. Research joint ventures and R&D cartel［J］. American Economic Review, 82(5)：1293−1306.

Katsoulacos Y, Ulph A, Ulph D. 1999. The effects of environmental policy on the performance of environmental RJVS［R］. Massachusetts：NBER Working Paper No. 7301, National Bureau of Economic Research, Inc.

Katsoulacos Y, Xepapadeas A. 1996. Environmental innovation, spillovers and optimal policy rules［A］//in Carraro C, Katsoulacos Y, Xepapadeas A. eds., Environmental policy and market structure［C］. Netherlands：Kluwer Academic Publishers.

Kelly D L. 2009. Subsidies to industry and the environment［R］. Massachusetts：NBER Working Paper No. 14999, National Bureau of Economic Research, Inc.

Kohn R E. 1991. Porter's combination of tax and subsidies for controlling pollution［J］. Journal of Environmental Systems, 20(3)：179−188.

Kuiti M R, Ghosh D, Basu P, et al. 2020. Do cap−and−trade policies drive environmental and social goals in supply chains：Strategic decisions, collaboration, and contract choices ［J］. International Journal of Production Economics, 223：107537.

Lee T C. 2011. Endogenous market structures in non−cooperative international emissions trading［J］. Mitigation and Adaptation Strategies for Global Change,

16(6): 663-675.

Lenzen M. 1998. Primary energy and greenhouse gases embodied in Australian final consumption: An input – output analysis [J]. Energy Policy, 26(6): 495-506.

Liu Z L, Anderson T D, Cruz G M. 2012. Consumer environmental awareness and competition in two-stage supply chains[J]. European Journal of Operational Research, 3(218): 602-613.

Michaud C, Llerena D, Joly I. 2013. Willingness to pay for environmental attributes of non-food agricultural products: A real choice experiment[J]. European Review of Agricultural Economics, 40 (2): 313-329.

Munksgaard J, Pedersen K A. 2001. CO_2 accounts for open economies: Producer or consumer responsibility? [J]. Energy Policy, 29(4): 327-334.

Nordhaus W. 1999. Global public goods and the problem of global warming[R]. Annual Lecture, The Institut d'Économie Industrielle (IDEI), Toulouse, France.

Peters G P, Quere C L, Andrew R M, et al. 2017. Towards real-time verification of CO_2 emissions[J]. Nature Climate Change, 7(12): 845-850.

Poyago-Theotoky J A. 2007. The organization of R&D and environmental policy[J]. Journal of Economic Behavior and Organization, 62(1): 63-75.

Proops J L R, Atkinson G, Schlotheim B F V, et al. 1999. International trade and the sustainability footprint: A practical criterion for its assessment[J]. Ecological Economics, 28(1): 75-97.

Saelim S. 2019. Carbon tax incidence on household demand: effects on welfare, income inequality and poverty incidence in Thailand[J]. Journal of Cleaner Production, 234: 521-533.

Sartzetakis E S. 1997. Tradeable emission permits regulation in the presence of imperfectly competitive product markets: welfare implications [J]. Environmental and Resource Economics, 9(1): 65-81.

Singh N, Vives X. 1984. Price and quantity competition in a differentiated duopoly[J]. Rand Journal of Economics, 15(4): 546-554.

Stern N. 2008. The economics of climate change[J]. American Economic Review, 98(2): 1-37.

Stranlund J K. 1997. Public technological aid to support compliance to environmental standards[J]. Journal of Environmental Economics & Management, 34(3): 228-239.

Yang H X, Chen W B. 2018. Retailer-driven carbon emission abatement with consumer environmental awareness and carbon tax: Revenue-sharing versus Cost-sharing[J]. Omega, 78: 179-191.

Yang L, Zhang Q, Ji J. 2017. Pricing and carbon emission reduction decisions in supply chains with vertical and horizontal cooperation[J]. International Journal of Production Economics, 191: 286-297.

Zech K M, Schneider U A. 2019. Carbon leakage and limited efficiency of greenhouse gas taxes on food products[J]. Journal of Cleaner Production, 213: 99-103.

Zhang L H, Wang J G, You J X. 2015. Consumer environmental awareness and channel coordination with two substitutable products[J]. European Journal of Operational Research, 241(1): 63-73.

重要术语索引